大展好書　好書大展
品嘗好書　冠群可期

大展好書　好書大展
品嘗好書　冠群可期

健康加油站15

吃得更漂亮、健康

朱雅安 編著

大展出版社有限公司

前言

現在是「營養過剩的時代」，面對著各式美味，不禁讓人食指大動。結果，攝食過量，引起體重過重的人，愈來愈多，肥胖似乎成了熱門話題。

因此，許多女性「害怕肥胖，拼命節食」、「為了愛美，不吃東西」。矯枉過正的結果，在物質豐裕的今天，仍罹患營養不良症。

面對著這些強忍口腹之慾的人們，不禁要為他們惋惜，因為他們並不了解正確的飲食方法。

事實上，正確的飲食，不但能消除肥胖，使肌膚光滑美麗，更能治癒令人苦惱的便秘。同時，可使人們不再為面皰、雀斑、青春痘苦惱。

或許有人會問：

「中式菜大多是油膩的，這不就是會引起肥胖的主因嗎？」

這種想法只是一種偏見。事實上，不用油料理的中式菜餚很多，就算用油，也不一定會肥胖，因為有許多不致引起肥胖的調配與食用方法。

「中式美容、健康食譜，是兼顧美味的。」不但能攝取可口的美食，又能獲得健康的身體與美麗的外貌，從而促進家庭的幸福，有什麼比這更美妙的事呢？

目錄

第二章 健康的減肥食譜

第三章　從體內自然顯現美麗的食譜

第四章 使聲音甜美眼睛明亮的食譜

第五章　治療隱疾的食譜

第一章

使皮膚更亮麗的食譜

一、中式烹調為何能使肌膚更加光滑美麗

●蔬菜與植物油的秘密

和他國的蔬菜相比，我國的蔬菜，如芹菜、白菜、豆苗、青梗葉、香菜等不但青脆，更有香味與鮮嫩的顏色。因此，廣受人們喜愛。

蔬菜受歡迎的程度，並不受時空的影響。過去，西方蔬菜萵苣傳至國內時，就曾造成風潮。由此可知，蔬菜在我們日常飲食中是極受重視的。甚至，在國外也有專門栽培我國蔬菜的農場。因此，我國的蔬菜是全世界的家庭餐桌上，不可缺少的菜餚。

若想印證蔬菜的魅力，我們可以用豆苗為例，豆苗是豌豆莢的幼芽，帶有淡淡的甜味，咀嚼時非常清脆，若以大火速炒，就像翡翠般綠油油，能撩起食慾。

許多人常用豆苗煮雞丁或豬肉，煮成美味的湯類，不論那種作法，豆

苗因有其獨特風味，均廣受歡迎。

關於豆苗的烹調方法，後面將詳細介紹，在此只概略說明豆苗是具有美容效果的蔬菜。

豆苗汁能治療曬黑的肌膚，將豆苗汁加溫飲用，或用新鮮豆苗汁清洗臉部及肌膚，能抑制日曬後的發炎。同時，對於油性肌膚的人，更能改善皮膚，使肌膚清爽不油膩，只要多攝食豆苗，肌膚就會更加美麗，面皰及雀斑也會日漸減少，可說具有不可思議的神效。

豆苗因含豐富的維他命C及礦物質，並且蔬菜本身的纖維素能治療便秘，而維他命C能防止曬傷，綠色蔬菜所含的鹼性成分，能淨化血液，因此，豆苗能發揮神奇的療效。

這種一方面能享受美味的食物，一方面又有美容效果的美食同源，大約在四千年前，就被古代女性所採行。

接著，說明婦女們最關心的油脂問題。

有許多人認為，中式烹調使用的油脂過多，但事實上卻不盡然。

若將中式烹調的作法，加以分類，有①油炸、②煮、③炒、④蒸、⑤

湯類、⑥燙菜等幾種。

油炸只是多種作法中的一種。

大部份的家庭，每餐多採四菜一湯，並均衡的使用肉類、魚類及蔬菜等材料，精心的調配，採用各種不同的作法。因而蛋白質（包括植物性及動物性蛋白質）、脂肪、醣類等三種營養都能均衡的攝取。

至於湯類，因為肉類、魚類及蔬菜的營養成分均溶於湯中，所以，只要飲用菜湯，營養即迅速的為體內吸收，如果用油炒菜，因為油脂能引出魚、肉、蔬菜特有的香味，吃起來更為可口。但是，因易於破壞食物的維他命及礦物質，所以要用大火速炒，以防養分蒸發。

食用的植物油中，因含有有效的成分，能將體內有害的膽固醇排出體外。另外，常在烹飪最後添加的香蔴油，其成份中的芝蔴，能美化皮膚，也能預防癌症。

吃過油膩的菜餚之後，若怕體重增加，可以喝普洱茶或烏龍茶，它能清除體內過多的油脂，不致有發胖之虞。

‧用中藥材烹調食物的知識

中醫學認為，若罹患病症，可以用飲食療法來治療，只要身體健康，整個人自然就美麗了，也就是，同時達到美容、美食與治療的目的。

因此，我國自古即把許多中藥材，加入食物中烹調，效果極為理想。例如：公認有強精強壯效果的延壽妙藥何首烏，亦能長保婦女青春、治療貧血、腺病質、白髮、不孕症等。

何首烏在古時被稱為夜交藤，因為雌雄蔓藤，在夜間交纏成長之故。何首烏這名稱的由來，是因一千年前，有一個人經常咀嚼何首烏的根部，當他一百三十歲時，頭髮仍然烏黑，皮膚也很光滑，並且仍能生育子女，因為這個人姓何，故將此藥命名為何首烏。

若用何首烏與牛肉烹調成美味菜餚食用，可保永遠年輕美麗（何首烏的烹調方法，後面將詳述）。

與何首烏一樣常被人利用的中藥，還有當歸，當歸為婦女的良藥，能治療生理不順、不孕症、冷感症、更年期障礙等令女性苦惱的病症。

當歸這一名稱的由來，是古代某婦人因患婦女病而致歇斯底里般的鎮日胡鬧，她的丈夫因厭惡而離開她。這位婦人因而想將自己治好，開始服用各種中藥，在她服用某種不知名的藥草根部時，竟然治好她的病，容貌也益加美麗，丈夫因而又回到她的身邊，於是這藥草根即被稱為當歸。

由於，這傳說流傳不已，因此，古時女性非常相信當歸的藥效，甚至到了狂熱的地步。許多女性，不論已婚或未婚，常將當歸用於肉類食物或湯類的烹調（當歸的烹調方法，參照後述）。

這些烹調，都是以中藥代替香辛料，做為藥用食物，不但美味可口，還能滋潤肌膚。

●每週食用一次，效果立現

並非每餐都要添加中藥，食用藥用菜餚。可以巧妙運用各種作法調配菜餚，在享受口福樂趣之餘，若想兼顧美容效果，只要每週食用一種中藥煮成的菜餚即可。

有些食譜會註明，每週食用一次，或每月食用一次，必須確實的遵守其規定，因為飲食過量，也會導致反效果。若無特別規定，則一週吃幾次都無礙。此外，必須根據自己的症狀，選擇適合自己體質的藥材食用，才能達到療效。

這本書中所介紹的各式食譜，其使用的材料，在菜市場或超級市場都能買到。中藥藥材可至中藥店購買，有些中藥或許讓人感到難以下嚥，但是，試著去品嚐，也能達到襯托食物的效果。

二、不須特殊材料的食譜

現在就說明，能保持肌膚美麗的中式烹調方法，不必想成太困難，而且只要在附近的菜市場或超級市場，就能買到所需的材料，我們先從豆苗的美容食譜開始。

•豆苗雞肉湯

材　料：【四人份】　豆苗250公克　雞胸肉200公克　生薑3公克

竹筍50公克。

醃　料：醬油2小匙　水1大匙　太白粉2小匙。

調味料：食鹽1小匙　沙拉油1大匙　固型調味料1個　香蔴油、胡椒各少許。

作　法：

①除去雞皮，切成一口般大小的薄片。浸泡在事先調好的醃料中。

②竹筍及生薑切薄片。豆苗洗淨，摘除老硬的部份。

③把六杯水和固型調味料、沙拉油、食鹽一起放入鍋中，開火煮至沸騰，即加入竹筍、豆苗續煮一～二分鐘。最後，將雞肉放入，要隨時鬆開肉片，以免糾結成一團，煮一分鐘左右。

④熄火後，灑上少量的胡椒及香蔴油，即可盛盤食用。

重　點：

＊可以牛肉、豬肉代替雞胸肉。

＊這道菜餚不但能消除油性肌膚易生的面皰及其分泌物，還能改善因日曬產生的褐斑。

•清炒豆苗

材　料：【四人份】　豆苗500公克。

香　料：生薑（切末2公克）　蒜頭（切末2公克）　酒1小杯。

調味料：沙拉油5大匙　醬油1小匙　鹽1/2小匙　砂糖1小匙　胡椒少許　香蔴油1小匙。

作　法：

①將豆苗洗淨，放於竹箕中，瀝盡水分。

②把香料及調味料放入容器中攪勻。

③把沙拉油放入鍋中加熱，待熱即放入豆苗及香料，用大火快炒由鍋子周圍倒入調味料。

④待所有的材料均煮軟後，即可盛盤食用。

重　點：

＊以大火快速炒熱，豆苗不會變色，仍然非常青脆，也不會讓維他命C蒸發掉。

*調味料不可直接倒在材料上，由鍋邊倒入為要領。

•豆苗炒牛肉絲

材　料：【四人份】　豆苗300公克　牛腱肉200公克　蔥2根。

醃　料：醬油1大匙　砂糖1.5小匙　酒2小匙　沙拉油1大匙　胡椒少許。

香　料：生薑（切末2公克）　蒜頭（切末2公克）　酒1小匙。

調味料：沙拉油8大匙　鹽$\frac{1}{3}$小匙　香蔴油$\frac{1}{2}$小匙。

作　法：

①牛肉要順著肉的纖維方向切絲，要煮前調味料浸泡十五分鐘左右。

②把蔥的蔥白部份切成三公分長度（其他部份不要），豆苗洗淨，濾去水分。

③將鍋子加熱，倒入五大匙的沙拉油，以大火快炒浸過的牛肉絲及香料，待牛肉絲變色，即撈出備用。

④把三大匙沙拉油倒入鍋中加熱，再放入豆苗，用鹽調味，以大火快

炒，豆苗炒熟即加入③中的牛肉絲，快速攪拌，最後滴上少量香蔴油，即可盛盤食用。

重　點：

＊以大火快炒，是使這道菜美味的要領。

＊蔥勿炒過熱。蔥白外的其他部份可用在其他菜上。

＊亦可用雞肉代替牛肉。

●用於洗臉的豆苗蔬菜汁作法

用雙手以搓揉的方式洗淨豆苗，以洗淨的豆苗擦臉，或用打汁機（添加適量的水）攪成豆苗汁洗臉，事後，以清水洗淨。對日曬造成的肌膚粗糙，效果非常顯著。

●芹菜炒豬肝

材　料：【四人份】　豬肝300公克　芹菜300公克。

醃　料：醬油1大匙　酒1大匙　太白粉2小匙　砂糖1小匙　生

薑汁1小匙。

調味料：沙拉油4大匙　鹽1小匙　胡椒、味精、生薑汁各少許。

作　法：

①把豬肝切成約三毫米左右的厚度，開水燙一下，放入醃料中浸泡。

②把芹菜洗淨，再切成五～六公分長，很快的燙一下，撈起放入竹箕中，瀝除水分。

③將鍋子加熱後，放入沙拉油，以大火快炒①的豬肝，再加上②的芹菜，用適量的鹽、胡椒、味精、生薑汁調味。

重　點：

＊芹菜含有豐富的鉀、鈣、胡蘿蔔素（維他命A）、維他命C等。

＊芹菜常用來搭配生魚片以及肉類食物，因此被許多人忽視，將其當做配菜。事實上，芹菜是健康美容所不可缺少的蔬菜，具有特殊的香味。

＊豬肝含有鐵、鉀、維他命A、維他命B_1等豐富營養。

＊如果不喜歡肝臟的腥味，可泡在流水中去除血漬。

•芹菜肉片湯

材　料：【四人份】　芹菜300公克　豬腿肉200公克　陳皮1片（或生薑5公克）　棗子5～6個。

調味料：鹽1～2小匙　醬油4大匙　沙拉油2大匙　胡椒少許。

作　法：

①把芹菜洗淨，陳皮要用水洗去塵埃（如果是用生薑代替，則切成薄片），棗子洗淨。

②把十杯水、芹菜、陳皮、棗子、豬腿肉一起放入鍋中，用大火快炒十五分鐘，調成中火，再熬煮一小時。

③待肉煮軟，取出，切成適當大小，放入盤中。

④湯加上適量的鹽調味，③的肉沾調味料食用，調味料乃把適當的鹽、醬油、沙拉油、胡椒攪勻，做成佐料。

重　點：

＊陳皮是將成熟的橘子皮曬乾，能襯出菜的香味，也有幫助消化的藥

效。

＊棗子能使這道菜增加特殊的口味，也有強壯利尿的藥效。

＊芹菜不要切，整株使用。也可以白菜、高麗菜代替。亦是整個葉子放入鍋中煮，待盛盤時再切。

＊也可用豬肝或豬心代替豬腿肉。

●牡蠣炒蛋

材　料：【四人份】牡蠣200公克　蛋6個　木耳20公克（泡過水）蔥1/2根　生薑5公克。

調味料：沙拉油3大匙　醬油1大匙　酒1小匙　鹽2/3小匙　香蔴油1小匙　茴香少許。

作　法：

①牡蠣以鹽水洗淨，用開水很快的燙過，撈起放入竹箕中。

②蔥斜向薄切。生薑切末，木耳泡水洗淨，有蒂要去除。

③把蛋打入容器中，加入適量的鹽、香蔴油調味打勻。

④把鍋加熱，倒入沙拉油按照生薑、木耳、牡蠣，順序放入快炒，加上酒、醬油調味倒入少量茴香，增加香味，最後，倒入③的蛋。

⑤加上切薄的葱，輕輕的攪勻，蓬鬆的牡蠣炒蛋即告完成。

重　點：

*牡蠣在貝類食物中營養價值最高，為幫助消化的食物。含豐富的蛋白質、「能產生熱量的醣」、維他命，具有造血成分的銅與鐵、礦物質。為貧血及臉色蒼白者的最佳食品。

*牡蠣中的蛋白質所含的牛磺酸（胺基酸的一種），能使高血壓、低血壓患者恢復正常值。並且能預防心臟病，降低膽固醇，減少動脈硬化症發生的機會，為優良的營養食物。

*炒牡蠣時，可能會沾鍋而燒焦，故應多加些油。

*食用牡蠣，不但能使肌膚美麗，同時，也能紓解心理壓力，治療便秘。對於睡眠不足的人，也是理想食品。

*茴香雖只是用來增加香味，但也具有健胃、排除體內毒素，治療冷虛症、體力衰弱的藥效。

•紅燒肉丸

材　料：【四～五人份】　絞碎豬肉400公克　紅花10公克　白菜600公克　香菇4朵　生薑（薄片）10公克　蛋1個。

調味料：沙拉油4大匙　蠔油、醬油、鹽、酒、砂糖、胡椒、味精、香蔴油、太白粉各適量，以及油炸用的沙拉油事先準備好。

作　法：

①紅花用二杯水煮三十分鐘，煮至剩一杯水量的煮汁。

②把絞碎的豬肉放入容器，加入雞蛋、二分之一小匙的鹽、胡椒、味精各少許、一小匙的酒、二小匙太白粉，攪勻分成八等分，揉成肉丸。將鍋中的沙拉油加熱至攝氏一百八十度，肉丸放入，炸一分鐘後撈出（炸成半熟即可）。

③白菜莖的部份，切成長方形。香菇泡水，去蒂，斜切成薄片。

④將適量的沙拉油，倒入鍋中加熱，放入生薑、白菜、香菇，用生薑、砂糖、酒各一大匙調味，加上一杯水，快炒一分鐘左右。

⑤把②的肉丸加入④中，用二大匙蠔油、胡椒、味精少許調味，加上①的煮汁，蓋上鍋，用中火煮五分鐘。倒入以雙倍的水溶解太白粉，再滴些香蔴油，輕輕攪勻，即可用深盤盛出食用。

重　點：

＊紅花是菊科一年生植物，也叫紅藍花，自古即當做口紅、胭紅的原料，原產地在埃及。大陸的四川、西藏、江南也有栽培，提煉出的紅花油常用於烹調食物。紅花對各種的婦女病均有療效。對血液循環障礙、冷虛症、貧血症有效。最近，用來治療高血壓的藥物中，也有紅花的成分。

＊在隆冬嚴寒時期，將做法⑤的食物，移入沙鍋中煮五分鐘，連砂鍋一起搬至餐桌上食用，即可禦寒。

三、能治療便秘、消除面皰

罹患便秘的女性中，大多是內臟有下垂的傾向，中年以後的婦女，因生產使腹壁及大腸的張力減弱，因此，直腸排便的反射運動遲鈍，所以，較容易罹患便秘。

年輕的女孩也有人為便秘而苦惱，每日早晨苦無固定時間排便，或不喜歡使用學校的廁所，因而強忍便意，時間久了，也會形成慢性便秘。

如果長期罹患便秘，糞便便會在腸內硬化，更加不易排便，導致肛門破裂且出血，產生了痔瘡。

由於便秘之故，將使臉上長滿面皰，使臉部皮膚潰爛。

如果罹患便秘而不加以治療，會引起憩室病。這種病症又稱為美食家病症。以牛排為主食，而不攝食蔬菜及海藻類的人，最易罹患此病。糞便渣長期積存在大腸壁，會形成一個個的穴洞。

憩室壁充血而形成了潰瘍狀態，就是憩室病。憩室病被認為與大腸癌有關，要特別留意。

所以，治療便秘，是為了自身的健康，及達成美容的目的。

如果，依賴瀉藥或灌腸治療，只會使便秘更加嚴重，所以，希望能以飲食療法來徹底的治療。

我們都吃過百合科的食物，曬乾的金針菜，金針的別名叫忘憂草。即因為長期食用金針，能促進新陳代謝，治療便秘，消除面皰，甚至還能治療貧血，使身體順暢……能忘卻所有憂慮的俗事。

金針是很珍貴的蔬菜，不論用炒或煮，都有清脆的咀嚼感，及清淡的香味，為美食之一。

●金針炒雞肉

材　料：【四人份】　雞胸肉400公克　金針（泡過水）100公克　棗子6個　豌豆莢20公克　木耳（泡過水）50公克　生薑5公克　蔥20公克。

調味料：沙拉油4大匙　醬油2小匙　酒2小匙　砂糖2小匙　蠔油1大匙　胡椒、味精各少許　太白粉2～3小匙　香蔴油1小匙。

作　法：

①雞肉切成適當的大小。

②金針泡在水中柔軟後，把兩端切掉。木耳用溫水泡軟洗淨。棗子也用溫水泡軟後，洗淨去子。生薑切成薄片，蔥斜切成薄片，豌豆莢去筋。

③把鍋加熱倒入沙拉油，加入金針、木耳、生薑、雞肉一起炒熟，快

速加入適量的醬油、酒、砂糖，然後倒入一杯開水，用適量的蠔油、胡椒、味精調味，攪勻後用中火續煮五分鐘。

④以雙倍的水溶解太白粉勾芡，再滴上少許香蔴油攪勻。

重　點：

＊金針所含的纖維質與維他命 B_1 能解除便秘，使肌膚更加美麗。

＊木耳與棗子的無機質與鐵質，有補血作用，對貧血有效，並且能安定神經，消除精神壓力。

＊雞肉所含的蛋白質，是良質的，對健康有益。

●金針蒸腰花

材　料：【四人份】　豬腰2個　金針（泡過水）70公克　木耳（泡過水）20公克　棗子5個　蔥2根　生薑5公克。

調味料：醬油1大匙　砂糖2小匙　酒2小匙　鹽1/2小匙　胡椒、味精各少許　太白粉2小匙　沙拉油2大匙　香蔴油少許。

作　法：

①豬腰由側面切開，切除白色的筋，再斜切成薄片。用開水很快的燙一下（燙至略呈白色），撈起放入容器中，放水泡十五分鐘左右。

②金針、木耳、棗子的處理，就像前一道菜的事先處理程序一樣。生薑切成薄片，葱切成三公分長度。

③把①、②所有材料，放入容器中，加入全部調味料，仔細攪勻，盛在盤子中，用蒸籠蒸十五分鐘，即可食用。

重點：

＊豬腰所含的養分，以及金針、木耳、棗子的效用，能治療便秘、貧血、生理不順等病症。

＊燙過後泡在水中的腰花，更換四～五次的水。

●芝麻糊

目前，因為加工製造的簡便食品非常普遍，因此，已很少家庭會煮芝蔴、小米、綠豆等食物，這些都是美味、作法簡易的食物，希望大家都能嘗試自己煮食。

材料：【四～五人份】　黑芝蔴100公克　米100公克　水8杯　砂糖4～5大匙。

作　法：

①黑芝蔴洗淨，放入竹箕中，瀝盡水分，再稍微炒一下。

②米淘洗後，泡在水中一小時左右，再與①的黑芝蔴一起用研缽搗碎（也可用攪拌機攪），加入適量的水攪勻，放入鍋中。

③將②加入砂糖，用大火煮，待沸騰後續煮一～二分鐘，熄火，即可趁熱食用。

重　點：

＊也可以用白芝蔴代替黑芝蔴，因黑芝蔴品質較佳之故，有些商人甚至將白芝蔴著色，當成黑芝蔴販賣。

＊若加上二大匙沙拉油，吃起來會感覺較潤滑可口，但有些人可能會覺得太過油膩。

＊對某些酷愛甜食的婦女而言，芝蔴及砂糖能使妳順暢的排便。

•小米粥

材　料：【四～五人份】　小米1杯　紅豆1/2杯　水15杯　蜂蜜3～4大匙　鹽少許。

作　法：

①小米要一邊放水一邊洗淨，浸泡一個晚上。紅豆洗淨後浸泡一個晚上。

②把小米及五杯水放入鍋中，煮十分鐘，此時要一直攪動小米，去除小米的澀味。倒入竹箕中，再沖洗瀝淨。

③把十杯水及紅豆、小米倒入鍋中，用大火煮至沸騰，調為中火，熬煮二小時。

④待紅豆煮軟後，加上蜂蜜及鹽，即可食用。

重　點：

＊有許多人認為小米只是小鳥的飼料，故很少食用。小米雖然粒子很小，但風味獨特，含有蛋白質、維他命B_1、維他命B_2、鐵分、水分，

為營養價值較高的穀物。

＊小米及紅豆很適合血壓低及冷虛症患者食用。

＊若加入一片陳皮，不但能增加香味，更能使胃腸蠕動活潑。

●綠豆粥

材料：【四～五人份】　綠豆1杯　米$\frac{1}{2}$杯　水8杯　陳皮1片
砂糖2～3大匙。

作法：

①把綠豆及米洗淨，浸泡一晚，次日早上倒入竹箕中，瀝乾水分。

②用深鍋倒入八杯水，加上①與陳皮，用大火煮沸，續煮五分鐘，再調成中火煮一小時。

③待綠豆與米煮成粥狀，加入砂糖，即可食用。

重點：

＊因為綠豆外殼很硬，不易煮爛，所以，把③用攪拌機攪成糊狀，也很美味。

＊夏天可把③放進冰箱，冷凍後食用，非常冰涼可口。

＊綠豆是製造豆芽、粉絲的原料，含有豐富的蛋白質。

●薏仁冬瓜湯

材　料：【四～五人份】　薏仁50公克　冬瓜500公克　豬腿肉200公克　陳皮10公克　棗子5個　蓮子10個。

調味料：鹽1小匙　沙拉油2大匙　醬油4大匙　胡椒少許。

作　法：

①把冬瓜去子，連皮切成長四公分、寬七公分大小。

②將薏仁、蓮子、陳皮洗淨。

③把①、②的材料與豬肉放入大鍋子，加入八杯水，用大火煮二十分鐘左右，待煮沸後即調成小火，續煮一小時，等豬肉與冬瓜煮軟，再用鹽調味。

④將整塊豬肉撈出切成適當的大小，其他材料及煮汁盛入容器中。

⑤煮汁當湯飲用，其他材料沾混合沙拉油、醬油、胡椒的佐料食用。

重點：

＊冬瓜是熱帶亞洲原產的瓜科蔬菜，自古即做為湯類的原料，或當成素菜食用。

＊冬瓜能刺激通便，抑制咳嗽與食物中毒，並且是滋養肌膚的美顏原料。

＊美顏水的作法——削掉冬瓜外皮、去子、把瓜肉切細，用三公升的酒、二公升的水煮瓜肉。用過濾器濾去殘渣，以瓜汁續熬成泥狀即可。用此美顏水每晚敷於臉上，將使皮膚光滑細嫩。

●芡實與白肉魚蒸蛋

材　料：【四人份】　白肉魚200公克　蛋3個　蔥10公克　芡實15公克。

調味料：鹽1/2小匙　胡椒、味精、酒少許　醬油1大匙　沙拉油1大匙　生薑汁1/2小匙。

作　法：

①芡實加兩杯水用小火熬煮三十分鐘，待熬成剩一杯汁即可，再放置冷卻。

②白肉魚去除小骨，切成薄片。蔥切末。

③把蛋打入容器攪勻，加入①煮汁與②攪拌，使用適量的鹽、胡椒、味精、酒調味，再輕攪一下，放入盤中，用蒸籠蒸。

④蒸二十分鐘左右。混合適量的醬油、沙拉油、生薑汁淋在菜餚上，趁熱食用。

重　點：

＊白肉魚中以鯛魚、比目魚、鰈魚、鱒魚、鱈魚等較美味。

＊芡實是睡蓮科芡的果實，是長於水池、沼澤中的一年生植物，和蓮子同為中醫常用的藥材，具有調整血壓、利尿、健胃的效果。

•蘿蔔炒蛤肉

材　料：【四人份】　蛤肉150公克　蘿蔔500公克　金針60公克　生薑10公克　餛飩皮20張。

調味料：沙拉油適量　酒少許　固型調味料1個　鹽、砂糖、醬油各1小匙　胡椒、味精各少許　太白粉2小匙。

作　法：

①蘿蔔削皮，切成寬一公分、長五公分大小，燙二分鐘，撈起備用。

②金針泡水後，切去兩端。薑切絲。

③蛤肉用鹽水洗淨，瀝盡水分。

④餛飩皮切細油炸，將鍋中油倒出，再把生薑、蛤肉、金針倒入鍋中炒，滴上少量的酒增加香味、倒入一杯的水。用固型調味料、鹽、砂糖、醬油、胡椒、味精調味，加上①的蘿蔔，煮二分鐘，以適量的水溶解太白粉，倒入鍋中，很快的攪勻，即可盛盤食用。

重　點：

＊蛤與蜆類，含有豐富的鈣、鐵、維他命等。

＊蘿蔔中的纖維質具整腸功用，可促進消化。

＊以豆芽代替蘿蔔，也能達成同樣的目的。

●海蜇皮湯

提到海蜇皮，許多人腦海中立即浮出飄流在海上的奇怪生物的印象。但是，它卻是一般料理的冷盤中不可缺少的材料，也是能治療頑強分泌物良藥，能發揮奇蹟般的藥效，為健康的美容食品。

材　料：【二人份】　海蜇皮150公克　黑砂糖30公克。

作　法：

①海蜇皮用手揉洗乾淨，務必洗去鹽分，切絲備用。

②在鍋中加二杯水煮沸，加入黑砂糖，待砂糖全部溶解，再加入海蜇皮，用小火煮十五分鐘左右。

③待海蜇皮煮至縮小後，即可食用。

重　點：

＊頑強的分泌物及面皰，只要食用此湯四～五次，即可治癒。

＊對於痱子也有療效。把①用二杯水煮十五分鐘，以其煮汁來洗痱子較嚴重的部位。剩下的海蜇皮可淋上醬油、香蔴油，做為菜餚食用。

四、改善因黑斑、皺紋、皮膚黝黑所帶來的困擾

夏天時，到海邊或避暑勝地，盡情的戲水玩樂，並且把皮膚曬成古銅色的年輕小姐。到了秋天，即發現臉上、肩膀、背部、手背上都形成了黑斑，眼角出現了皺紋，眼下及鼻頭四週出現雀斑，不禁嚇了一跳，甚至傷心哭泣，這種情形非常多。

在利用藥物治療之前，應先食用美味的中式菜，由體內開始治療，才能徹底的治癒。當然，對因滑雪被反射的雪光曬黑的皮膚，也有效果。

●醋漬西洋芹

材　料：【四人份】　西洋芹300公克

調味料：鹽1小匙　香蔴油1大匙　芥末1小匙　醋3大匙　砂糖2大匙。

作　法：

①西洋芹去莖，切成約五公分大小的長方形，撒上鹽攪勻。

②將鹽以外的調味料，放入容器中攪勻。

③把①的西洋芹拿出，沖洗鹽份，再瀝乾水分，漬在②的調味料中約二十分鐘，即可食用。

重　點：

＊這道料理能享受西洋芹清脆的咀嚼感，與香蔴油的香味和清爽的醋味，為一道涼拌菜餚。

＊以四百公克的豆芽燙過，取代西洋芹也可以。

＊西洋芹中所含的維他命C，及香蔴油中所含的維他命E，能治療褐斑、雀斑、皺紋、面皰。

＊香蔴油中含有亞油酸及維他命E。亞油酸能去除血液中多餘的膽固醇，能淨化血液，增加血管的彈性。維他命E能淨化血管，保持肌膚的美麗，只要血管乾淨，血液循環良好，全身即充滿活力。同時，也是提振精神的菜餚。

●金針雞絲湯

材　料：【四人份】　雞胸肉150公克　金針菜（泡過水）80公克　竹筍50公克　香菇2朵　生薑5公克。

醃　料：鹽$\frac{1}{3}$小匙　太白粉1小匙　水$\frac{1}{2}$小匙。

調味料：沙拉油1大匙　酒2小匙　固形調味料1個　鹽1.5小匙　胡椒、味精各少許　醬油1小匙　香蔴油$\frac{1}{2}$小匙。

作　法：

①雞胸肉去皮切絲，浸在事先預備好的漬料中。

②金針泡過水後，切掉兩端。香菇泡過水後去蒂再切絲。竹筍、生薑切絲。

③把沙拉油倒入鍋中加熱，將②材料放入大火快炒，倒入適量的酒，以增加香味，再加入六杯水。

④以固型調味料、鹽、味精、胡椒調味，煮一分鐘左右，再加入①的雞絲，隨時用筷子鬆開，以免糾成一團。待沸騰，加入生薑、香蔴油，熄

火，即可盛盤食用。

重　點：

＊金針能夠治療便秘，對面皰及雀斑也有療效，能使黝黑的肌膚變成細白，竹筍、生薑的纖維能帶來相乘的效果。

＊雞肉要洗浸在調味料中，為煮成湯類的要領。

●青梗菜豆腐湯

材　料：【四～五人份】　豆腐2塊　青梗菜4株　豬腿肉200公克　棗子10個。

調味料：鹽1～2小匙　醬油4大匙　沙拉油2大匙　胡椒少許。

作　法：

①青梗菜不要整株使用。豆腐切成適當大小的方型，棗子洗淨。

②把十二杯水及所有材料放入較大的鍋中，用大火煮沸，調成中火，煮一小時，待豆腐膨脹成原來的二倍大，青梗菜煮軟、肉也煮軟、棗子也膨脹，把蔬菜與豬肉撈出，切成適當大小，再與豆腐一起盛盤。

③鍋中剩下的煮汁用鹽來調味，做為清湯。

④把適量的醬油、沙拉油、胡椒攪勻，做成佐料，放入小碟子中，沾②的材料食用。

重　點：

＊青梗菜含有豐富的維他命C，為綠色蔬菜中能帶給人們清脆的咀嚼感的代表性蔬菜，是含有豐富的鈣、鐵、維他命A、胡蘿蔔素、維他命C的營養食品。又能消除女性的褐斑、皺紋、皮膚黝黑，故應多加食用。

●牛肉無花果湯

材　料：【四～五人份】　無花果8個　牛腱肉250公克　陳皮1片。

調味料：鹽1～2小匙　醬油4大匙　沙拉油2大匙　胡椒少許。

作　法：

①無花果先洗淨，與牛腱肉及陳皮放入較大的鍋中，倒入十杯水，用大火煮二十分鐘，調成中火煮一小時。

②待無花果煮爛，牛肉亦煮軟時，再拿出牛肉切成適當大小，用鹽調

味，再把煮汁倒入盛牛肉的容器中，即可食用。

③把適量的醬油、沙拉油、胡椒攪勻，做成佐料，放入小碟子內，食用牛肉時，即可沾佐料吃。

重　點：

＊這道湯能治便秘、面皰、褐斑、雀斑、痱子。對於因抽煙所引起的口臭，只要每週飲用此湯二～三次，就會有不可思議的效果。

＊無花果是能保護聲帶的果實，自古即受到國劇演員的重視。

五、使粗糙的皮膚富有光澤

我國婦女的皮膚被認為細膩有光澤，但是，為皮膚乾粗而苦惱的女性也不少。尤其是在冬天遭受嚴寒的北風吹襲下，皮膚日益粗糙。

下面將介紹的幾道食譜，能解除為皮膚粗糙而苦惱的女性們的煩惱，能帶給肌膚細白，並能消除雀斑。首先，要使用蠔油烹飪。

•萵苣拌蠔油

材料：【二人份】 大的萵苣1株（350公克） 蠔油1大匙。

調味料：沙拉油2大匙 香蔴油、鹽各1/2小匙 生薑（薄片）2～3片 胡椒少許

作法：

①把萵苣葉一片片剝開洗淨。

②將鍋中的水煮沸。加入鹽二分之一小匙、沙拉油一大匙、生薑薄片二、三片，放入萵苣很快的燙熟，撈出盛盤。

③將蠔油一大匙、沙拉油一大匙、香蔴油二分之一小匙，胡椒少量一起攪勻，淋在②上，趁熱食用。

重點：

*可用青梗菜、白菜、菠菜代替萵苣，也很美味，同樣具有美容的效果。

*中華料理中不吃生菜沙拉。蔬菜都可以加熱，將蔬菜所含的纖維質

煮軟，做成易消化又能充分吸收營養的食物。同時，加上蠔油，保持營養均衡，有助於吸收蠔油中牡蠣所含的維他命A。

●蛤肉炒豆腐

材　料：【四人份】　蛤肉150公克　豆腐2大塊　韮菜1/2把　木耳30公克　生薑5公克。

調味料：沙拉油4大匙　酒2小匙　固型調味料1個　鹽1小匙　砂糖1小匙　醬油1大匙　胡椒、味精各少許　太白粉2小匙　香蔴油少許。

作　法：

①蛤肉用鹽水洗淨，瀝在竹箕中備用。

②豆腐先直切成二半，再橫切成八塊。

③木耳泡水後洗淨。韮菜切成三公分長度。生薑切絲。

④鍋子加熱後，倒入沙拉油，炒生薑絲及蛤肉，加入木耳快炒，然後倒入一些酒，再加入一杯開水，用固型調味料、鹽、砂糖、醬油、胡椒、味精調味。

⑤放入豆腐煮二分鐘，再以適量的水溶解太白粉，倒入鍋中攪勻，加入韮菜、香蔴油，輕輕攪勻。

重　點：

＊蛤肉含鈣、鐵等營養素。也可用剝好的文蛤肉代替蛤肉。

＊木耳含有鐵、鈣、維他命B_2等營養成分。以香菇來取代木耳亦可，二者都有防癌的效用。

＊以葱來代替韮菜也可以。

●涼拌裙帶菜

材　料：【四人份】　裙帶菜300公克　生薑10公克。

調味料：醋4大匙　醬油1大匙　砂糖1大匙　香蔴油2小匙。

作　法：

①裙帶菜要把沙及鹽洗淨，切成適當的長度，用熱開水很快的燙過，撈起在竹箕中瀝乾備用。生薑切絲。

②把所有的調味料放入容器中攪勻，浸在①中，約十五分鐘後，即可

食用。

重　點：

＊若加入切成絲的辣椒，會有不同的風味。如果再加些柚皮等，將會有特殊的香味。

＊不但能治療皮膚粗糙，對高血壓及老人性痴呆也有療效。

●涼拌蝦米與裙帶菜

材　料：【四人份】　蝦米（良質）30公克　裙帶菜（新鮮或曬乾的均可）200公克　生薑10公克　辣椒2根　蔥30公克。

調味料：酒少許　醋4大匙　砂糖3大匙　醬油1大匙　香蔴油1大匙。

作　法：

①蝦米泡在溫水中浸軟（泡至可咀嚼的程度），以加入少量酒的開水燙過後，撈在竹箕中備用。

②生薑、蔥、辣椒（去子）切絲。

③把酒以外的調味料，放入容器中攪勻，調成甜醬。

④將新鮮的裙帶菜洗淨鹽及沙，曬乾的裙帶菜則泡水後洗淨，放入竹箕，淋上開水，再瀝乾水分。

⑤把①②④的全部材料，以調好的甜醬攪勻，漬二十分鐘左右，即可食用。

重點：

*裙帶菜中含有豐富的鈣、胡蘿蔔素（維他命A）、碘。不論新鮮的或曬乾的裙帶菜中，都附著著鹽及沙，要確實洗乾淨。

*食用前撒些炒熱的白芝蔴，能增加香味。

六、治療貧血，使臉色紅潤光澤

中醫學說：「男人是氣，女人是血。」認為男人是因氣而生存，受氣所支配；女人則由血來控制，因血而富有女人的韻味。因此，自古即有許多食譜，強調能增加精氣，補充體力，以及治療各種婦女病，及具補血作用。

血液，眾所皆知，擔任著將氧氣及營養成分分送至體內每一個角落的功能，並輸出二氧化碳及無用成分至體外。因此，血液必須長保乾淨，才能保持身體健康，若膽固醇及血液中脂肪過多，使血液不能順利循環，血管壁將積存血脂肪，妨礙血液的流通，將會引起動脈硬化、腦溢血、狹心症、高血壓等危害生命的病症。

如果血液中的紅血球減少，會使紅血球中的血紅素相對的減少，而引起貧血、臉色蒼白等病症，呈現心悸、目眩、氣喘等症狀。

血紅素是一種含有鐵成份的蛋白質，具有與氧氣結合的性質，由於血紅素，血液即能將氧氣輸送至體內每一個角落。如果鐵分不足，紅血球即無法輸送氧氣，導致目眩或臉色蒼白。

貧血的種類很多，惡性貧血將導致罹患惡性病症，不過，我們通常所說的貧血，是指鐵分缺乏性貧血。

鐵分缺乏性貧血患者，會出現身體倦怠、惡寒、氣喘、心跳加速、下肢浮腫、微熱，臉部、耳垂、指甲蒼白……等症狀。嚴重的人，會導致無法順利吞嚥食物、指甲翹起，有時還會口角糜爛。

這種貧血以女性較常罹患，但男性若有痔疾，或因偏食、胃下垂等，導致鐵分吸收不良，也會引起貧血。

女性除了上述理由外，還會因生理期、懷孕、生產、授乳等原因，造成鐵分流失，中醫學說女人是血，大概即是因此而來。

要解決貧血症狀，必須要攝取含有豐富蛋白質的食物，以及含鐵分豐富的食物，也要攝取能幫助消化及吸收的食物。

具有造血功能的食物，有當歸、何首烏、棗子……等，蓮藕也是其中之一。在附近菜市場，就能買到的蓮藕，是能使皮膚更加美麗的食物。

●蓮藕炒豬肉

材　料：【四人份】　蓮藕400公克　五花肉300公克　蒜頭1個　蔥1～2根　蒿苣1株（300公克）。

調味料：沙拉油5大匙　醬油3大匙　砂糖1大匙　酒、胡椒、味精各少許　固型調味料1個　八角1個　太白粉1小匙　香蔴油1/2小匙

鹽$\frac{1}{3}$小匙。

作　法：

①五花肉切成二公分大小的丁狀。蓮藕削皮切成適當的大小，浸泡於水中。蒜頭切成薄片。萵苣一片片葉子剝下，洗淨並瀝乾水分。

②把三大匙沙拉油，倒入鍋中加熱，用大火炒五花肉及蒜頭，待肉炒成金黃色時，加入三杯開水，以適量的砂糖、酒、胡椒、味精、固型調味料調味，加入蓮藕、八角，蓋上鍋蓋，用中火悶煮一～一．五小時。

③待肉煮軟，把溶解的太白粉倒入，滴上幾滴香油。

④另外，用二大匙的沙拉油，快炒萵苣，用鹽調味，排在盤子四週把③盛在盤中，蔥切末，撒在菜上。

重　點：

＊蓮藕含豐富的鈣、鉀、鐵、維他命B_1、維他命C等營養素。蓮藕所含的纖維質，能降低血液中所含的膽固醇，並能刺激胃腸，使胃腸蠕動活潑，維他命C能預防感冒，並能紓解心理壓力。

＊蓮藕還含有丹寧，丹寧對胃潰瘍、十二指腸潰瘍、流鼻血等的黏膜

炎有極佳的效果。

＊蓮藕以粗且直，顏色愈白，品質愈好。若蓮藕太老會變成褐色，若中間的中空處變成黑色，可能是遭病蟲害。

＊八角具有獨特的香味，能中和雞肉、豬肉、牛肉紅燒時所產生的腥味，增加菜餚的風味。因八角香味強烈，所以，一次只要用一個即可。

●紅燒蓮藕肉片

材　料：【四人份】豬腿肉200公克　蓮藕500公克　香菇3朵　蔥2根

香　料：蒜頭3公克　生薑3公克　酒1小匙。

醃　料：醬油1小匙　砂糖1小匙。

調味料：沙拉油5大匙　鹽2/3小匙　砂糖1/2小匙　固型調味料1個　太白粉2小匙　胡椒、味精、香蔴油各少許。

作　法：

①豬腿肉切成薄片，事先漬在調味料中。蓮藕削皮切成薄片，用開水燙二分鐘，撈起放在竹箕中瀝乾備用。香菇泡水後去蒂，斜切成薄片。蔥

切成三公分長。

②把二大匙沙拉油，倒入鍋中加熱，用大火快炒蓮藕與香菇，撈出放入容器中。

③把三大匙沙拉油，倒入鍋中加熱，用大火炒①的肉片與香料，待產生香味後，加入一・五杯的水，用固型調味料、鹽、胡椒、味精、砂糖調味。

④加上②的蓮藕與香菇煮約二分鐘，再倒入溶解的太白粉勾芡，加些香蔴油與葱，稍微攪勻後，即可盛盤。

重　點：

＊蓮藕勿煮太久，才可享受清脆的咀嚼感。

＊利用牛肉來代替豬肉，也很美味。

●蓮子湯

材　料：【四人份】　罐裝蓮子1罐　蛋1個　砂糖適量。

作　法：

由罐中拿出蓮子，倒入鍋中，加入適量的水，用小火煮約十五分鐘，再按自己喜好，加入適量砂糖調味。把蛋攪勻倒入，待蛋煮至半熟狀，即熄火，盛盤食用。

重　點：

＊蓮子準備起來比較麻煩，故用罐裝的較省事。

＊市面上也有販賣甜蓮子湯，吃起來像大紅豆，可當做甜點食用。

●蓮藕牛肉湯

材　料：【四人份】　蓮藕300公克　牛腱肉200公克　生薑5公克　棗子5個　陳皮1片。

調味料：鹽少許　醬油4大匙　沙拉油2大匙　胡椒、味精各少許。

作　法：

①蓮藕削皮切成較大塊狀，牛腱肉整塊，與陳皮、生薑一起放入深鍋中加入十杯水，用大火煮十五分鐘，待沸騰，即改成小火，繼續熬煮二小時左右。

②待牛肉煮軟，將牛肉與蓮藕一起撈出。將牛肉切成適當大小，與蓮藕一起盛盤。

③鍋內煮汁，用鹽調味，裝在湯碗內飲用。

④蓮藕與牛肉沾混合沙拉油、醬油、胡椒、味精的佐料食用。

重點：

＊可以用羊肉、豬腿肉代替牛肉食用。

＊把蓮藕用擦板刨成絲，再以攪拌機打汁飲用，效果更佳。

一位友人因為工作過勞，罹患支氣管擴張症，連續三日不停吐血，吐血量每日增加，第三天只要稍微動一下，就會引起吐血。因此，就以新鮮的蓮藕榨汁飲用，或用蓮藕粉加蜂蜜以溫開水溶解後飲用。不久，即止住吐血，再靜養一週左右，即恢復健康，使人為靈驗的藥效驚訝不已。

＊我國最奢侈的「滿漢全席」中，蓮子湯是以甜點上桌。

●豬肝何首烏湯

材　料：【四人份】　豬肝300公克　何首烏80公克　棗子10個　胡

胡蘿蔔200公克　生薑10公克。

調味料：鹽、胡椒、香蔴油各少許　醬油1大匙。

作　法：

①將全部的材料洗淨後，放入深鍋，加上十杯水，以大火煮二十分鐘後，再調成小火繼續熬煮一小時。

②材料均煮軟後，將豬肝與胡蘿蔔撈出，切成適量大小盛入盤中。生薑與何首烏撈出後丟棄。棗子則適當的分配。

③用少量的鹽將煮汁調味，盛入湯碗飲用。

④將②的豬肝與胡蘿蔔用混合著醬油、香蔴油、胡椒的佐料，沾取食用。

重　點：

＊以蓮藕來代替胡蘿蔔，其補血效果更佳。

＊可以用牛肝來代替豬肝。

＊如果是用市面上販賣的燉鍋烹調，只要加上六杯水，調成大火煮一小時，再調成小火，燉五～六小時後，再參照②～④的順序即可。

＊肝臟類食物能治療冷虛症，故為冷虛症困擾的人們，可做為參考。

●莧菜蒜頭湯

材　料：【四人份】　莧菜300公克　蒜頭5公克。

調味料：沙拉油1大匙　鹽1.5小匙　胡椒、味精各少許。

作　法：

①莧菜洗乾淨，蒜頭切成薄片。

②把沙拉油及鹽倒入鍋中加熱，加上六杯水。待煮沸後，放入莧菜及蒜頭煮二～三分鐘，用胡椒、味精調味後，即可飲用。

重　點：

＊這是一道很簡單的蔬菜湯，湯的顏色會略帶黑色，那是因鐵分非常豐富的緣故，宜趁熱喝。莧菜非常柔軟，泛出蒜頭的香味，會撩起食慾。

＊莧菜含有豐富的鈣、鐵、維他命A、維他命B_2、維他命C，是貧血患者的理想食品。

七、消除火氣上升，臉色泛紅

為火氣上升，臉色泛紅困擾的人們，應查明原因，根據飲食療法由體內根治。通常，問題出在肝臟方面。

食用以皮蛋為材料的食譜，能呈現奇蹟般的藥效。

●皮蛋粥

材　料：【四人份】　皮蛋2個　牡蠣乾8個　叉燒肉100公克　米2/3杯　水10杯　鹽適量。

作　法：

①米淘洗乾淨。皮蛋去除污泥及外殼，一個切成六等份。

②牡蠣乾泡在溫水中浸一晚，浸軟。叉燒肉切成適量大小。

③把鹽以外的所有材料，一起放入大鍋中。用大火煮二十分鐘後，調成小火續煮一小時。

④用鹽調味，趁熱食用。

重點：

＊火氣上升的人、身體肥胖臉色及嘴唇呈現紅黑色、額頭缺乏光澤的人，這些症狀在中醫學上認為是「虛火」症。這種人大都是肝臟有問題，若食用皮蛋粥，就能減輕體重、解消火氣上升的症狀。

＊皮蛋粥也適合睡眠不足、口腔炎、口角炎的患者食用，是絕佳的飲食療法。

＊不停的抽煙、喝酒、打麻將、熬夜，過著不正常生活的人，只要連吃皮蛋粥二天以上，就會感覺舒服多了。

＊皮蛋的製作，是把稻草灰、石灰、食鹽、碳酸鈉等成分攪勻，仔細塗在鴨蛋殼上，再沾上稻穀，裝在大水缸中，密封後，放置在冷暗的場所儲藏，待數個月後，即完成皮蛋的製造。因為蛋殼內有我們眼睛看不出的小孔，因此，塗在蛋殼上的材料，會從小孔中滲入蛋內，經過數月後，呈現出作用，使蛋白變成透明的紅黑色，像果凍般，蛋黃變成青黑色泥狀。皮蛋含有豐富的蛋白質、脂肪、鐵、維他命A、維他命B_2等，為中華料理

拼盤上所不可缺少的材料。

八、治療糜爛的皮膚

皮膚的濕疹與糜爛，常使患者十分苦惱。如果長期食用冬瓜，相信必能改善症狀。高血壓的患者，亦能因而降低血壓。下面就介紹這道美味又健康的冬瓜食譜。

•冬瓜盅

材　料：【四人份】冬瓜（中型程度）1個　雞胸肉100公克　香菇2朵　蓮子（去除薄皮）8粒　薏仁30公克　棗子4個　干貝2粒　火腿（脂肪較少的部份）60公克。

調味料：沙拉油2大匙　酒2小匙　醬油、鹽、胡椒、生薑汁各少許。

作　法A：

①冬瓜以圓形品質較佳。把瓜蒂去除，用手挖出中間的種子及附近柔

軟部份，連皮洗乾淨，將切除瓜蒂的部份朝下，放入容器中。

②香菇要泡水，去蒂，切成丁狀。雞胸肉也切成丁狀。蓮子、薏仁、棗子洗淨。干貝浸水泡一晚上。火腿切成一公分大小的丁狀。

③把沙拉油倒入鍋中加熱，用大火炒雞丁、香菇、火腿，加上適量的酒增加香味，倒入二杯水。放入干貝、蓮子、薏仁、棗子與其他剩下的調味料，然後，將所有材料塞進冬瓜中。

④待蒸籠下面的水沸騰後，就把冬瓜連著容器一起放進蒸籠中，用大火煮一～二小時即可。將冬瓜肉的材料倒出盛在盤內沾醬油吃。冬瓜內的煮汁以鹽調味後飲用。

重　點：

＊塞進冬瓜內的材料，可按照自己的喜好，自由調配。干貝可以蝦米替代，薏仁也可以銀杏替代，蓮子也可以竹筍替代。

作　法B：

①冬瓜削皮去子，切成塊狀。雞肉、香菇切成丁狀。火腿也切成約一公分大小的丁狀。

②干貝泡水浸一晚上。棗子、薏仁、蓮子均洗淨。

③把三大匙的沙拉油倒入鍋中加熱，放入①的材料炒，加上少許的生薑，二小匙的酒，能增加香味，用大火炒十分鐘，再加上六杯開水。倒入②的材料，蓋上鍋蓋，調成中火，續煮三十分鐘～一小時。

④待材料均煮軟後，以鹽、胡椒調味，即可盛盤食用。

重　點：

＊冬瓜與薏仁，是有名的美容聖品。冬瓜製的美顏水，在前面已介紹過，其對治療糜爛的皮膚，也有極佳的效果。

第二章

健康的減肥食譜

一、台灣的女性肥胖的較少，為什麼？

台灣的女性給人一種纖細勻稱的印象，不會讓人有肥胖的感覺。相信曾經到台灣旅行的觀光客，都會贊同此說法。

當然，台灣也有少數肥胖的人。有許多人認為，中年以上的男性與女性，稍微發福些會較有威嚴，看起來較有福氣。但大體而言，台灣女性都比較纖細且富有活力。

國人勤勞的工作，快樂的生活，更盡情享受美食，與朋友聊天時，邊聊天邊享受美味，在家中或朋友家也是吃。在餐廳中或在小攤子也吃得津津有味，經常盡情的享受美食，卻不會肥胖。

肥胖是由於機體生化、生理機能的改變，導致脂肪組織超量的蓄積，在除外水腫、鈉瀦留、肌肉發達等情況下，一般體重超過成人正常標準的十%即為過重，超過二十%即為肥胖。測量器測定體內總脂，三十歲時男性超過體重的二五%，女性超過三十～三十五%即為肥胖病。

肥胖者大多表現為畏熱多汗，易感疲乏，頭暈目眩，胸悶心悸，呼吸短促，甚至動則氣喘、汗出；極度肥胖者往往出現嗜睡、缺氧等。

此外，下肢浮腫、關節炎、靜脈曲張、高血壓、動脈硬化、冠心病等也是肥胖者常見的病症。肥胖病人發病率高，危害性大，減肥不僅僅是為了追求美，更重要的是為保持身體健康。對肥胖進行積極防治，無疑有著重要意義。

肥胖的成因較複雜，與遺傳、代謝、內分泌及飲食習慣等因素有關。合理的飲食搭配，組成合理的營養結構是減肥健美的捷徑之一。

㈠攝取適當的熱量，適當用餐，不過量飲食。

㈡膳食結構要合理。採取混合進食法或均衡進食法，不偏食。

㈢控制脂肪和糖的攝取量。孕婦更應注意，營養過度會導致自身和胎兒肥胖。

台灣屬亞熱帶氣候，大概是因天氣較熱，故發汗較多，較不易肥胖。另外，選擇飲食的材料與作法，也是國人不易肥胖的原因。

若想正常的飲食又不會發胖，而且精神奕奕，其秘訣在於湯類。在中

式料理中，湯類被視為醫、美、食同源的精髓，而受到人們的重視。

廣東菜的美味名菜有：

西洋菜生魚湯（水芹與雷魚的湯類）

西洋菜陳腎湯（水芹與曬乾的鴨肝的湯類）等。

這二道雖是名菜，但價錢並不貴，是人人都能烹調的簡單菜餚。西洋菜生魚湯，不但是餐廳裡的主要湯類，也常出現在家庭中的餐桌上，甚至路邊攤也有販賣。

曾到香港旅行的觀光客，都會看到人們站在路邊飲用盛在大鍋中的湯品，這就是販賣西洋菜生魚湯的攤子。

在大鍋的邊緣，堆滿著西洋菜與雷魚，鍋中正煮著需花費四～五小時熬煮的西洋菜生魚湯，只要在煮好的湯中，加些陳皮與棗子，就可食用。路過的人們，若想喝此湯，只要將零錢丟在攤位上，就能喝到一碗美味的西洋菜生魚湯，人們大多一口氣就喝完，然後滿足的離去。

另外，路邊攤所賣的其他食物與甜湯，也有添加中藥的成分。例如：龜苓膏……用龜甲與土茯苓二項中藥熬成的。

茅根竹遮水……用蘆草根與甘蔗熬煮成的甜湯，均排列在路旁販賣。

這些食物都很美味可口，又易吸收助消化，脂肪含量少，並含有豐富的蛋白質、礦物質等對身體有益的營養成分。因為販賣此類食物的小販很多，所以，到處都能吃到這種價格低廉而又營養的食物，自然造成我國女性纖細又勻稱的體型。

●麻辣羊肉蔥頭

材　料：【四人份】　羊肉200公克，蔥頭100公克，薑絲10公克，花椒、辣椒各5公克。

調味料：食鹽、味精、醋、料酒各少許，花生油50公克。

作　法：

把羊肉、蔥頭分別切成細絲備用，炒勻內放花生油，燒熱後即放花椒、辣椒，炸焦後撈出，加入醋少許，再放入羊肉絲、蔥頭絲、薑絲煸燭，再加食油、味精、料酒等調料，翻炒幾下後待熟透出汁即可。

重　點：

*具有溫陽化濕，祛痰利水的作用，久食可以輕身。

●參芪雞絲冬瓜湯

材　料：【四人份】　雞胸200公克，黨參、黃芪各3公克，冬瓜200公克，水500公克。

調味料：食鹽、黃酒、味精各適量。

作　法：

先將雞胸肉切成絲，連同黨參、黃芪一起放入砂鍋內加清水，用小火炖至八成熟，再加入切好的冬瓜片，略煮後加少許食鹽，適量黃酒。待冬瓜熟透再加味精即成。

重　點：

*有健脾補氣輕身減肥之效，可用於疲乏無力的肥胖者。

●冬瓜粥

材　料：【四人份】　冬瓜80～100公克，粳米100公克。

作　法：

選用新鮮冬瓜，把冬瓜刮去青皮後洗淨，切成小片；粳米淘洗後同冬瓜一起放入砂鍋中加清水共同煮成稀粥。每日分早晚兩次食用（吃時不可放鹽）。

重　點：

＊冬瓜可清熱利水生津。做粥常食具有消腫輕身之效。

●紅豆粥

材　料：紅豆25公克，粳米100公克。

作　法：

將紅豆浸泡半日，淘去豆中雜質，與洗淨的粳米一同放鍋中，以小火煨成熟即可。

重　點：

＊紅豆可清熱利水，散血消腫。故常服此粥對濕熱久蓄的肥胖腫脹有一定效益。

•荷藕炒豆芽

材　料：【四人份】　荷葉200公克，水發蓮子50公克，綠豆芽150公克，藕100公克。

調味料：素花生油適量，食鹽、味精、水澱粉各少許。

作　法：

取蓮子、荷葉加清水適量，文火煎湯後暫置一旁備用。鮮藕切成細絲用素油煸炒至七成熟，再加入煮透的蓮子和洗淨的綠豆芽，再將先煎出的湯澆上，加適量的食鹽、味精，用水澱粉勾芡盛出裝盤即可食用。

重　點：

＊常食之可以健脾利濕，消腫輕身。

＊禁忌：炒菜時不可加醬油。

二、「湯藥」指具有藥效而又美味的湯類

湯藥即是用中藥與食物一起熬煮成的湯類，因為湯中含有中藥成分，可說是營養充分與藥效充足的健康美容食品，為維持健康的泉源。

我們向來即非常重視湯類，希望能由湯中攝取足夠的營養，由體內保護身體健康。下面首先介紹能達成減肥效果的湯類。

●蓴菜雞絲湯

材　料：【四人份】　蓴菜（罐裝）100公克　雞胸肉150公克　香菇2朵　罐裝海扇1小罐。

調味料：沙拉油1大匙　酒2小匙　蠔油2大匙　太白粉1.5大匙　胡椒、生薑汁、香蔴油各少許。

作　法：

①雞肉、香菇（泡過水）切細，海扇由罐中取出用手鬆開，蓴菜由罐

中取出，放在竹箕中，淋上熱開水。

②把沙拉油倒入鍋中加熱，快炒雞肉與香菇，再倒入六杯水，即刻加入生薑汁、酒、蠔油、胡椒，再放海扇、蓴菜，待煮沸，倒入溶解的太白粉。最後，滴上少許香蔴油，即可盛盤食用。

重　點：

＊蓴菜自古即被視為藥草，受到人們重視。因蓴菜極小又黏，故都放於罐中使用。含有豐富的維他命A與無機質，中醫認為對胃病、腫瘤有療效。也有醫學報告指出其對胃癌呈現出顯著的效果。

＊如果買不到蓴菜，以竹筍取代也可以。

＊海扇也可用罐裝或冷凍的螃蟹代替。

●鯉魚湯

材　料：【四人份】　鮮鯉魚1000公克，川椒15公克，蓽茇5公克，生薑、香菜、料酒、蔥、味精、醋各適量，食鹽少許。

作　法：

將鯉魚去鱗去內臟，洗淨切成小塊；蔥薑洗淨後拍破切段待用；把蓽茇、川椒、鯉魚、蔥同放入鍋內，加清水適量，置武火上燒開，移文火上炖熬約四十分鐘。加入香菜、料酒、味精、醋即成，吃魚飲湯。

重　點：

＊此湯菜以滲水利濕消腫作用而達到輕身的目的。

三、對美容有奇效的理想甜點

清朝末年的西太后，傳說到了中年，仍非常美麗，她最喜愛的甜點，即燕窩甜湯。

棲息在馬來半島、婆羅洲、泰國等地的海燕，吞嚥食物後，再吐出的食物與唾液混合成的東西，即燕窩。海燕以小魚、貝類、海藻等裹腹，無法吞嚥的食物，則吐在燕巢中。

燕巢大多築在人們無法靠近的斷崖絕壁上，因為採集困難，所以價格特別昂貴。據說，西太后為了進口燕窩，每年要花費四百萬兩的純銀。

燕窩的營養價值，根據『中國藥學大辭典』中記載：「蛋白質含量為四九•八五%，脂肪十%，糖分三十•九九%，水分一三•四一%外，還含豐富的鈣、礦物質、磷、維他命等，做為藥用，能恢復腎臟功能，滋潤呼吸器官、喉嚨、肺部，並能治療虛弱的體質。」

在海燕的唾液中，還有尚未確認的賀爾蒙及其他成分。

我們姑且不談這些難懂的藥理，只介紹家庭中可自行烹調的燕窩湯作法。

●燕窩香菇湯

材　料：【四人份】　燕窩40公克　雞胸肉150公克　豌豆莢10公克　洋菇100公克。

調味料：固型調味料2個　鹽、胡椒、味精、生薑（薄片）、蛋白、太白粉、酒、沙拉油各適量。

作　法：

①燕窩泡在熱水中浸軟。去掉羽毛屑或灰塵等。豌豆莢去筋，用鹽水

燙熟。洋菇切成薄片。

②雞胸肉切成薄片，混合鹽、太白粉、蛋白各適量做成漬料、漬雞胸肉。

③在鍋中加水煮沸後，把肉片鬆開放入，很快就燙熟撈起，泡在冷水中。

④把固型調味料與六杯水倒入深鍋中煮沸，加入生薑薄片五～六片，及①的燕窩，用中火煮五分鐘，以一．五小匙的鹽、胡椒、味精、酒各少許調味。

⑤加入洋菇、雞肉片、豌豆莢、待煮沸後，把湯與材料分別盛入盤中。

⑥混合二大匙醬油、一大匙沙拉油、及少量的胡椒做佐料，沾食⑤的材料，與湯類一起食用。

重　點：

＊若以三隻雞腿，配合十杯水，煮三十～四十分鐘，熬成高湯，也非常理想，雞腿也可沾⑥的佐料食用。

四、食用粥——不會有發胖之虞

把「粉、粥、麵、飯」視為主食的台灣，不但在家中酷愛食粥，連飯店中也有賣粥類，甚至還有專門的粥品店。

因為台灣如此重視粥品，所以，連配粥的小菜種類也非常的多，在品嘗粥的同時，也攝取精心調配的菜餚，才能獲得均衡的營養。

粥是含有多量的蛋白質及少量的脂肪，豐富的維他命的營養食品。

所謂臘八粥，即使用蓮子、棗子、松子、龍眼、胡桃、杏仁、干貝、火腿、香腸等多種材料，於年末臘月八日食用。

人們均相信臘八粥有「除疫延命—預防病症、延年益壽」的效果。

添加對健康有益的材料來煮粥，攝取均衡的營養，種類雖多，但量極少，即醫、食同源的飲食療法，並且對美容有極理想的效果，食用後，不會肥胖卻能增強氣力，也有美、食同源的效果。

下面將介紹醫、美、食同源的食譜，這些均是添加中藥、美味可口、更具減肥效果的食譜。

●柏子仁粥

材　料：【四人份】　米 $\frac{2}{3}$ 杯　柏子仁10公克　豬腿肉200公克　水10杯　鹽少許。

作　法：

①把柏子仁包在棉布袋中綁緊，與淘洗淨的米與豬肉放入較大的鍋子中，加入十杯水，用大火煮十五分鐘後，調成小火，再慢慢熬煮二小時。

②煮好後，用鹽調味，豬肉撈出切成適當的大小，再與粥一起盛盤食用。

重　點：

＊注意不要把水煮乾，用小火慢慢熬煮為煮粥的要領。若感覺水分不夠，可加些開水。

＊豬肉可用醬油或適當的調味料沾食。

＊柏子仁是柏樹的種子，是具有鱗型樹葉的長綠樹，將果實的外殼剝

除，裡面的種子曬乾後，就是柏子仁。柏子仁具有止癢、利尿、鎮痛，以及滋潤肌膚的卓越美容效果。

●陳皮豬肉粥

材　料：【四人份】　米$\frac{2}{3}$杯　豬腿肉200公克　陳皮（即曬乾的橘子皮）1片　干貝2粒　鹽少許。

作　法：

①肉整塊洗淨後，抹些食鹽漬一晚上。干貝泡在溫開水中一晚上。陳皮要將灰塵擦乾淨。

②把十杯水、淘洗乾淨的水、洗盡鹽分的豬肉、干貝、陳皮一起放入大鍋中，以大火煮十五分鐘，再調成小火熬煮二小時。

③煮好後，將肉取出切成適當的大小，與煮好的粥一起盛入容器中，即可食用。

重　點：

＊在將粥調味時，要考慮滲入豬肉中的鹽分，不要放太多的鹽。

＊豬肉不用沾鹽調味，可直接食用。

＊也可用牛腱肉或雞胸肉來代替豬肉。如果以牛腱肉或雞胸肉煮粥，不可一開始即與米一起熬煮，必須要將粥煮好後，將牛腱肉或雞胸肉切細加入，待煮沸，肉也熟，才可熄火食用。

＊也可以加少許生薑絲與蔥末，會更加美味可口。

●海鮮粥

材　料：【四人份】　米2/3杯　白肉魚（鯛、鰈魚等）1條　新鮮草蝦4隻　水10杯　胡蔥（或慈蔥）3根　薑10公克　鹽、胡椒、太白粉適量。

作　法：

①白肉魚除去魚骨、泥腸、魚皮，切成適當大小，沾上鹽、胡椒、太白粉各少許調味。草蝦亦同。

②胡蔥、生薑切末。

③把淘洗淨的米與①的材料，放入大鍋中，加上十杯水用大火煮十五

分鐘後，調成小火，熬煮二小時。

④待煮好後，用鹽、胡椒各少許調味，再撒上②的胡蔥與薑末。

重　點：

＊煮粥時，由大火調成小火後，必須將鍋蓋稍微錯開，則沸湯就不會溢出。

＊也可以罐裝的鮑魚來代替草蝦。

●魚丸粥

材　料：【四人份】　米$\frac{2}{3}$杯　白肉魚（鯛、鰈魚等）1條　水10杯　胡蔥3根　生薑10公克　胡椒、酒、醬油、太白粉各適量。

作　法：

①把白肉魚除去魚骨、泥腸、魚皮、魚鰭後，用刀背仔細的把魚肉搗碎，加上少量的酒、醬油、太白粉調味，揉成拇指般大小的魚丸。

②與前項的海鮮粥作法相同。但①的魚丸要等米煮沸後再加入，才不會散開。

重　點：

＊也可用磨缽搗碎白肉魚，揉成魚丸。

＊用沙丁魚來代替鯛、鰈魚，也很美味可口，但在①的階段，最好加少量的生薑汁。

＊以同樣的作法做成肉丸，也很美味可口。

五、從基本粥中可變化出多種名粥

因為粥品不但味道清淡、美味可口，而且價格低廉，故每個人都喜歡食粥。

粥不論春夏秋冬，隨時都可以食用。冬季時吃熱呼呼的粥，讓人由體內升出一股暖氣，夏季時吃粥，流下的汗讓人感到非常的舒服，更有特殊風味。

因為人們均酷愛食粥，所以，粥的種類日益增多，下面將介紹各種有名的粥品。

●添加肉類的粥品

滑牛肉粥、滑雞球粥、滑牛丸粥、火鴨粥、金銀鴨粥、叉燒皮蛋粥、皮蛋瘦肉粥。

●添加魚肉的粥品

魚生及弟粥、魚片豬紅粥、魚頭雲粥、滑魚片粥、鯪魚球粥、鮑魚雞球粥、土魷燒鴨粥。

●添加蔬菜或其他粥品

荔枝灣艇仔粥（什錦粥）這是指在海上的小艇上烹調出的粥，這是在香港與曼谷非常有名的粥品，因為是在狹窄的小艇上烹調，所以，每天所用的材料都不同。

八寶甜粥（添加果實的什錦甜味粥）、紅豆粥（以紅豆所煮成的粥）冬菇雞球粥（冬菇與雞肉切成球狀所煮成的粥）、綠豆粥（以綠豆為主的

粥）、腐竹白肉粥（以豆皮與銀杏所煮成的粥）。

像以上的這些粥類，作法非常簡單，一般的家庭中就能簡易的烹調，只要把米與材料慢慢的熬煮即可。如果想減肥的人，每天早上可食用粥，就能達成目的。

●基本粥

材料：【四人份】　米$\frac{2}{3}$杯　雞腿肉（去骨）2隻　干貝2～3粒　陳皮1片　水10杯　鹽、胡椒各少許。

作法：

①將雞腿肉剝皮，再用開水很快的燙過（如此熬煮時，才不會產生泡沫），干貝泡在溫開水中浸一晚。陳皮洗淨。

②把淘洗乾淨的米與十杯水，①的材料，一起倒入深鍋，用大火煮十五分鐘左右，待煮沸即調成小火，再熬煮二小時。

③煮好後，以鹽、胡椒各少許調味。然後，將雞肉與干貝取出，盛在盤中，當配菜食用。

重 點：

＊基本粥直接食用也非常美味。

＊多加些水與米，煮成大量的基本粥，可置於冰箱中保存，每日早晨食用，或是另外再煮成前面所介紹的各地名粥也可以。例如，要煮成華北最有名的油條粥，可利用基本粥，再根據下面的作法烹調。

●油條粥

材 料：【二人份】 基本粥2杯 牛腱肉200公克 油條1條 胡蔥3根 生薑10公克 鹽、胡椒、醬油各少許 太白粉2小匙。

作 法：

①牛腱肉切成適當的薄片，醃在以醬油、太白粉做成的調味料中。

②胡蔥切末、生薑切絲、油條切成約三毫米厚的輪狀。

③把基本粥與①的牛肉、生薑倒入大鍋中，很快的以鹽、胡椒各少許調味，待煮沸後，即刻熄火。

④將鍋中食物盛盤，撒上切碎的油條與胡蔥，牛肉則沾醬油食用。

重　點：

＊油條加在粥中，咬起來非常酥脆、可口。

＊以餛飩皮切成適當大小再油炸，取代油條亦可。

六、消除水腫、浮腫的食譜

肥胖的種類很多，有些人是肌肉很多的健康型，也有人因生病導致身體浮腫，更有人是因贅肉太多的肥胖。

下面將介紹，能消除浮腫或水腫，達成健康的減肥效果的食譜。

●地黃煮豆腐

材　料：【四人份】　豆腐2塊　蝦米30公克　香菇4朵　熟地黃20公克　慈菇20個　薑10公克　蔥1根。

調味料：沙拉油1大匙　醬油1大匙　鹽1小匙　砂糖1/2小匙　酒2小匙　太白粉1/2大匙　胡椒、味精、香蔴油各少許。

作　法：

①把蝦米泡水浸軟。香菇泡水後切碎，慈菇也切碎。熟地黃泡水浸軟後切末。生薑、蔥切末。豆腐先直切成二半，再橫切為八塊。

②鍋子加熱，倒入沙拉油，將除了蔥末以外的①材料全部倒入鍋中，用大火快炒一分鐘後，加入一．五杯的開水，用適量的醬油、鹽、砂糖、酒、胡椒、味精調味。

③再以中火煮五分鐘後，倒入溶解的太白粉，加上香蔴油、蔥末攪勻後，即可盛盤食用。

重　點：

＊慈菇是澤瀉科植物，其塊根可食用。新鮮慈菇較不易買到，故可以罐裝慈菇代替。慈菇助消化，並且能為因尼古丁中毒、飲酒過量、壓力集中等病症而苦惱的人們減輕症狀。

＊地黃具有補血、鎮靜、滋潤、強壯、抑制血糖的藥效。

＊這道食譜不但對預防肥胖、防止腎臟病引起的浮腫有效，還能治癒因壓力過巨導致的臨時性不良習慣。

•豆鼓魚

材　料：【四人份】絞碎的白肉魚600公克　豆鼓1.5大匙　蔥30公克　生薑5公克　蒜頭5公克。

調味料：醬油1大匙　酒1大匙　沙拉油2大匙　胡椒、味精各少許　太白粉1大匙。

作　法：

①把豆鼓泡在水中約十分鐘，使其鬆軟易攪碎。

②生薑、蒜頭切末。蔥切成略粗的蔥末。

③把絞碎的白肉魚沖洗乾淨，瀝乾水分，放入容器，加上①、②的材料，然後，加上全部的調味料攪勻，盛在大盤中，放入蒸籠用大火蒸二十分鐘，即可拿出食用。

重　點：

＊絞碎的白肉魚，也可用魚頭代替。

＊豆鼓又叫香鼓、大豆鼓、淡豆鼓等。豆鼓是用黑豆經過發酵後製成

的食品，具有消炎、降熱、解毒等藥效，並能幫助消化。

＊肥胖、水腫者，食用後，會日益苗條。

七、不會失去體力又能減肥的食譜

●減肥聖品——豆苗食譜

豆苗（豌豆莢的幼苗）的美容效果顯著，在第一章中曾經提到豆苗對於減肥，有令人驚訝的效用。

帶有些許澀味、又有甜味，是豆苗獨特的味道，把五花肉切成約五公分大的塊狀，煮熟後，即淋上像水般的佐料，四週即用炒熟的豆苗鋪好，盛在大銀盤中，讓人不禁贊道：「看起來真是美味。」

所謂「東坡肉」，即將五花肉紅燒，這是宋朝大詩人蘇東坡所發明的名菜。蘇東坡在杭州西湖附近欣賞風景，興致極高，即自己下廚，並把此情景寫信告訴住在國都的朋友，信上寫著：

「杭州地方所生產的豬肉，不但品質良好，而且價格低廉。……我用小火燜煮長時間，非常的美味可口，我每天都吃一大盤，也不會感到膩。我告訴你作法，希望你也能品嘗一下。」

由於這封信，蘇東坡成了東坡肉的原始發明者。

東坡肉以杭州的天香樓的口味最道地，傳說，清朝的乾隆皇最喜歡吃這道菜。天香樓的東坡肉，加入紹菜乾所曬乾的蔬菜，真是令人難忘。

下面將介紹減肥食譜。

●豆苗蝦仁

材　料：【四人份】　豆苗300公克　蝦仁200公克。

香　料：生薑（切末）3公克　大蒜（切末）3公克。

調味料：鹽1/3小匙　太白粉1小匙　砂糖1小匙　酒2小匙　固型調味料1個。以1杯開水溶解成1杯高湯　醬油、香蔴油、味精各少許。

作　法：

①蝦仁要去除泥腸，醃在適量的鹽及太白粉中。

②豆苗洗淨，放入竹箕，瀝乾水分。

③把鹽、沙拉油、太白粉以外的調味料，放入容器攪勻。

④把鍋加熱後，倒入三大匙的沙拉油，用大火快炒蝦仁，然後盛出備用。

⑤倒三大匙的沙拉油於鍋中，加熱後，用大火炒豆苗與香料，盛入盤中備用。

⑥把一大匙的沙拉油倒入鍋中加熱，加入③的調味料與④的蝦仁⑤的豆苗，很快的攪勻，即可盛盤食用。

重　點：

＊用大火快炒，才能炒出豆苗的香味。

八、減肥所不可缺少的大芥菜

在我們的身邊，有一種蔬菜不但能達成減肥的目的，而且也能降低高血壓。

此即為大芥菜——大芥菜雖以漬物而有名，但也能用來做為湯類或炒菜。大芥菜具有獨特的苦味，許多年輕人不敢吃，但是正因其有苦味，才具有特殊的風味。

●大芥菜豬肝湯

材　料：【四人份】　大芥菜200公克　豬肝200公克　生薑5公克　蔥30公克。

調味料：醬油2大匙　太白粉2小匙　鹽2小匙　沙拉油1大匙　香蔴油、味精、胡椒各少許。

作　法：

①大芥菜洗淨，切成五公分的長度、生薑切成薄片、蔥橫切成薄片。

②豬肝切成薄片，並洗淨血漬，放入容器中，醃在適量的醬油與太白粉中。

③倒七杯水與適量的沙拉油於鍋中，煮沸後，加入①的材料，煮二分鐘，再放入②的豬肝，再次沸騰，則熄火，加入胡椒、味精、香蔥油攪勻

後，即可盛盤食用。

重　點：

＊可以用牛肝來代替豬肝。也可以添加豬肉片或攪勻的蛋花。

＊豬肝要薄切並洗淨血漬，或很快的用熱開水燙一下。當然，如果不洗淨血漬，更富營養。

＊大芥菜有清脆的咀嚼感與苦味，能引起食慾。

●大芥菜拌蠔油

材　料：【四人份】　大芥菜600公克　生薑10公克　蔥1/3根。

調味料：沙拉油3大匙　鹽1/2小匙　蠔油1大匙　香蔴油1小匙　胡椒少許。

作　法：

①倒入充分的水於鍋中，煮沸後倒入薄切的生薑、斜切的蔥、一大匙沙拉油、適量的鹽、切成五公分長的大芥菜，用大火燙二分鐘後，撈在竹箕上備用。

②瀝乾①的水份，即可盛盤，趁熱淋上一大匙蠔油、二大匙沙拉油、香蔴油、胡椒各少許，一邊攪拌，一邊食用。

重　點：

＊蠔油的香味與大芥菜的苦味及葱的特殊風味，煮成一道既能減肥，又美味的著名減肥家常菜。

＊也可以用醬油來替代蠔油。

●大芥菜煮蟹肉

材　料：【四人份】　大芥菜400公克　罐裝蟹肉1罐。

調味料：沙拉油4大匙　鹽、胡椒、酒、生薑汁、味精各適量　太白粉2大匙　固型調味料1個，以1杯水溶解成高湯。

作　法：

①大芥菜使用菜莖的部份，洗淨後，以熱開水燙二分鐘，撈起置於竹箕中備用。

②由罐中拿出蟹肉，去除軟骨部份，並鬆開。

③把沙拉油倒入鍋中加熱，用大火快炒①的大芥菜，再以鹽調味盛入盤中。

④把蟹肉倒入鍋中，迅速的加上生薑汁與少量的酒，及一杯高湯，然後，倒入二分之一小匙的鹽、適量的胡椒、味精調味，待煮沸後，倒入溶解好的太白粉勾芡。

⑤最後，滴上少許的香蔴油攪勻後，淋在③的大芥菜上，即可食用。

重　點：

＊大芥菜只使用莖的部份，剩下的葉子可當成燙菜或湯類的材料。

＊這道菜雖成本稍貴，但能享受到像高級餐廳般的美味。

●紅燒雞肫

材　料：【四～六人份】　雞肫500公克　生薑10公克　蔥20公克　花椒、八角各少許。

調味料：固型調味料1個　鹽、酒、砂糖、香蔴油各2小匙　味精少許。

作法：

①雞肫用鹽揉洗乾淨，浸在加了少許醋與酒的開水中，燙十五分鐘左右，即能除去臭味。

②把燙熟後①的雞肫，放入容器中。把蔥及生薑剁碎加在雞肫上，並加上能蓋住雞肫的水，再放入適量的味精、花椒、八角連同容器一起放入蒸籠。

③用大火蒸三十分鐘左右，待雞肫煮軟，連同容器一起取出，散熱後食用。

重點：

＊若蒸了三十分鐘後，仍感覺雞肫太硬，則續蒸十五分鐘。

＊生薑與花椒的味道會滲入菜中，成為美味的菜餚。

＊蔥與八角能防止肥胖。

＊可將雞肫置於冰箱中保存，當做家常菜或小酌時的下酒菜。

＊每週若食用一次，對自己的身材將更有自信。

九、體重過重又有高血壓的人的食譜

肥胖的壞處，除了外表看來不太雅觀外，更重要的是，體重過重將影響到身體健康，尤其是血管中積存過多的脂肪，會引起許多不良影響。

血液擔任著將氧氣及營養輸送到體內的每一個角落的功能，若血液中的脂肪增多，易罹患膽固醇或中性脂肪過多的高血脂症，造成膽固醇與中性脂肪會積存在血管內壁，使血管彈性減低，阻塞著血管，使血管日益狹窄。

即易形成所謂的動脈硬化狀態。罹患動脈硬化，則血液循環不順暢。不久，就會形成高血壓症。

高血壓症會使動脈硬化加劇，嚴重時，會誘發血管阻塞的血栓症或心肌梗塞，或因腦血管破裂的腦溢血等，各種會危害生命的病症。所以，必須隨時注意，使血壓安定，血壓若不安定，就不可能擁有美麗的肌膚。

血壓的安定，來自每日均衡的飲食習慣。因此，下面將介紹能防止肥胖，又能降低血壓的食譜。

•芡實薏仁粥

材　料：【四人份】　芡實40公克　薏仁40公克　米2/3杯　陳皮少許　水10杯　鹽少許。

作　法：

①把米淘洗淨，薏仁淘洗淨，芡實用菜刀搗碎。

②把①的材料與十杯水倒入大鍋中，用大火煮十五分鐘，調成小火再熬煮一小時，以適量的鹽調味，即可趁熱食用。

重　點：

＊若買不到芡實，用四十公克的茯苓代替也可以。具有同樣的效果。

＊把天麻（蘭科稱為赤箭的植物的根莖）四十公克，搗碎後食用，對神經衰弱或貧血性肥胖有效。

＊肥胖的種類很多，有臉色發紅的高血壓性肥胖，及臉色蒼白的貧血性肥胖，要根據病情不同，服用不同的中藥。

＊薏仁是薏苡實中的仁，即薏米，稻科一年生植物。具有解熱、消炎、利尿、消除浮腫等效果，如果長期食用，也有除疣的妙效。目前，亦發現薏仁中具有抗癌的物質。

＊食用薏仁時間愈久，效果愈佳，所以，最好每天加些薏仁於米中，混合食用。

●醬淋茄子

材　料：【四人份】　茄子2條　蔥40公克

調味料：生薑5公克　花椒粉$\frac{1}{2}$小匙　醬油3大匙　砂糖2大匙　香蔴油1大匙　炒熟白芝蔴1大匙　酒2小匙。

作　法：

①茄子去皮，用菜刀剖成二半，不要切斷，排在蒸籠中，用大火煮五分鐘。

②把所有的調味料攪勻，放入鍋中，煮沸後，冷卻一下，淋在①的茄子上，即可食用。

重　點：

＊以四季豆切成五公分長來代替茄子亦可。

・萵苣淋絞肉

材　料：【四人份】　萵苣（300公克）1株　絞肉200公克　香菇2朵。

調味料：醬油1大匙　砂糖1小匙　酒1.5小匙　蒜頭1個　生薑1小塊　固型調味料1個　太白粉1小匙　香蔴油少許　沙拉油3大匙。

作　法：

①萵苣洗淨，瀝乾水分，放在盤中。

②香菇泡水後，去蒂，剁碎。大蒜、生薑切末。

③把適量的醬油、砂糖、酒、大蒜、生薑放入容器攪勻。

④把鍋加熱，倒入沙拉油，用大火炒絞肉與香菇，加上③的調味料，待產生香味，再倒入1杯水與固型調味料，沸騰後，加入溶解好的太白粉，滴上幾滴香蔴油攪勻。

⑤把④的絞肉，淋在①的萵苣上即可食用。也可以用豆苗代替萵苣。

重　點：

＊這類低熱量的食品，中醫學上叫「寒底」，茄子與茼蒿是寒底的代表性食物，不但能減肥，又有治療高血壓的效果。

●杜仲腰花湯

材　料：【四人份】　杜仲30公克　豬腎3個　棗子10個　生薑10公克　酒1/4杯。

調味料：鹽少許　醬油2大匙　沙拉油1大匙　胡椒少許。

作　法：

①杜仲在酒中泡一小時。棗子洗淨。

②腰子由側面切開，除去白筋，將一片切成三等分，用開水燙過，泡在流水中三十分鐘，除去臭味。生薑剁碎。

③把①與②的材料與八杯水一起倒入大鍋中，用大火煮三十分鐘，煮沸後調成小火，熬煮一小時後，用鹽調味。腰花可沾混合醬油與沙拉油的佐料食用。

重　點：

＊以雞腿肉（帶骨的肉塊）代替豬腰，也極美味。

＊杜仲自古即被認為能降血壓，增強精氣的貴重藥材。杜仲是生長在大陸或越南的杜仲樹皮，其折斷後仍殘留著絲為杜仲樹的特徵。其樹液就像橡樹流出的乳液，將此樹液曬乾後，成為絲狀，即杜仲藥材。因為產量極少，所以價格極昂，故被視為貴重藥材。

●涼粉拌黃瓜

材　料：【四人份】　涼粉100公克　黃瓜2條　生薑少許　炒熟的白芝蔴1大匙。

調味料：醋4大匙　砂糖3大匙　香蔴油1大匙　醬油1大匙。

作　法A：

①黃瓜切絲泡水。涼粉切成五公分長，放在竹箕上，淋上開水，瀝乾水分。

②把調味料全部放入容器中，調成甜醬，泡在①的材料醃五分鐘後，

即可盛盤，再加少量的生薑汁與熟芝蔴。

作　法B：

①把切絲的黃瓜與淋過開水的涼粉放入容器，加上調味料調味，即醬油二大匙、砂糖一大匙、香蔴油一大匙、醋三大匙、芥末少許加以攪勻。

②撒上少許熟芝蔴，即可食用。

重　點：

＊這是夏天吃的涼拌菜，不但有名且美味可口。

＊石花菜等的海藻類，含有豐富的維他命、礦物質、能預防膽固醇及中性脂肪的沈澱。也含有大量的鐵質，可以防止貧血，纖維質具有整腸效果，能預防便秘與下痢。

＊不但對健康有益，對美容也有幫助，夏天可長期食用。

●芹菜涼拌海扇

材　料：【四人份】　芹菜250公克　涼粉50公克　罐裝海扇1小罐。

調味料：醬油、香蔴油各1小匙　沙拉油1小匙　胡椒少許。

作　法：

①芹菜去除葉片，切成五公分長的絲狀。
②涼粉洗淨，切成五公分長，泡過溫開水後，撈在竹箕中備用。
③海扇由罐中取出，去除薄皮，並鬆開。
④把①～③的材料，全部放入容器，以適量的調味料攪拌。

重　點：

＊芹菜在古埃及做為利尿劑、興奮劑而廣泛的栽培，也是醫食同源的典型。
＊芹菜具有使血管擴張與降血壓及整腸的作用。因莖部含有豐富的維他命A、鈣、鎂，所以對心理壓力過大者也有舒緩的作用。
＊葉片比莖部營養成分更高，不要丟掉。可做燙菜食用。

・蘿蔔干貝湯

材　料：【四人份】　蘿蔔400公克　胡蘿蔔100公克　生薑10公克　干貝4粒。

調味料：鹽適量　醬油2大匙　沙拉油1大匙　胡椒少許。

作　法：

①干貝洗淨，泡在冷開水中浸軟。

②把蘿蔔與胡蘿蔔削皮切成適當大小。生薑剁碎。

③把八杯水與①、②的材料放入較大的鍋中，再用大火煮沸後調成中火，續煮一小時。

④煮汁用鹽調味後飲用。蘿蔔與胡蘿蔔沾調味料食用，調味料混合適量的醬油、沙拉油、胡椒。

重　點：

*蘿蔔含有維他命C、鈣、能幫助消化，降低血液中的膽固醇，預防膽結石，並有抗癌效果，對成人病有莫大的療效，也是很美味的根菜。

*胡蘿蔔含有豐富的胡蘿蔔素，能使肌膚美麗，使內臟器官的黏膜正常，也能預防癌症。

*可以冬瓜來代替蘿蔔或紅蘿蔔。也可以用章魚、蛤蠣來代替干貝。

十、減肥的美味點心——燒賣

燒賣是中式點心的一種，有一則關於燒賣的趣聞，介紹給大家。

在香港的一家規模很大的茶樓廚房裡，一位廚師精心烹調出美味可口的燒賣，色香味俱全，連主廚都忍不住的拿起一個偷吃。不幸，被老闆看到，老闆疾聲的責備主廚，主廚默然不語。

翌日，廚師烹調出美味的燒賣，正準備送至前廳販賣，這位主廚又走過去，拿起一塊吃。說：

「今天的燒賣肉不太新鮮，不能把不新鮮的食物賣給客人。」主廚的聲音很大，整個餐廳的客人都聽到了。

接著，主廚就把這些熱騰騰的燒賣丟入垃圾筒。廚師與老闆氣得說不出話。

餐廳小妹跑進來說：

「客人們都在等著吃燒賣，一直在催促燒賣為什麼還未出籠？」

不得已，經理向客人道歉說：「對不起，因為今天的燒賣，做得不太好，所以主廚只好將燒賣全部倒掉了。」

這時，店內引起一陣掌聲，客人們紛紛讚美這家餐廳，認為這家餐廳的商譽良好，不用不佳的材料，所以燒賣特別美味好吃。因此，紛紛排隊搶購。

被老闆責備的主廚，為了洩恨故意把所有的燒賣丟入垃圾筒，陰錯陽差的卻提升了這家茶樓的聲譽。

這是五十多年前香港的大茶樓「武昌茶廊」所發生的真實故事。

燒賣除了色香味俱全的美食外，還含有豐富的蛋白質，更容易消化，與含有咖啡因及丹寧的茶類一同食用，是不可多得的美容健康食品。

●豆渣絞肉燒賣

材　料：【四人份】　絞肉200公克　豆渣200公克　烏賊100公克　蔥50公克　燒賣皮1包。

調味料：鹽1小匙　砂糖1大匙　太白粉2大匙　醬油、生薑汁、香油、酒各1/2小匙　胡椒、味精各少許。

作　法：

①烏賊用磨缽搗碎。蔥切末。

②把絞肉、豆渣、與①的材料放入容器中，加入所有的調味料攪拌均勻。

③拿起燒賣皮把②的材料包在燒賣皮內，包成約一口的大小，把包好的燒賣整理一下外形，再將其整齊的放入蒸籠中，用大火蒸七～八分鐘。

④蒸好後，即可以熱騰騰的燒賣沾辣油食用。

重　點：

＊豆渣就是做豆腐時的大豆渣，是含有豐富蛋白質的營養食物，可至豆腐店買到。

＊如果實在買不到豆腐渣，也可以用二塊豆腐，除去水分，將之搗碎做用。

＊可以用干貝來代替烏賊。或是把章魚切末加入使用，有極韌的咀嚼感，是很有效的減肥燒賣。

●白肉魚青椒燒賣

材　料：【四人份】　白肉魚（鯛、鰈魚等）250公克　絞肉150公克　花生30粒　青椒（小型）8個　蔥30公克。

調味料：鹽1小匙　砂糖1小匙　酒1小匙　醬油1/2小匙　太白粉1大匙　胡椒、味精、生薑汁各少許。

作　法：

①把白肉魚的魚骨與魚皮除去，然後用磨缽搗碎。花生去皮後搗碎。蔥切末與絞肉一起放入容器，加入所有的調味料，仔細的攪拌均勻。

②把青椒縱向剖開，不要切斷，去除內部的籽與蒂後，在內面撒上少量的太白粉，然後將①的材料平均的塞入全部的青椒中，排在盤子中，連同盤子一起放入蒸籠，用大火蒸十五分鐘。

③待蒸熟後，把二小匙的醬油，一小匙的香蔴油，少許的胡椒攪勻，淋在青椒上，即可趁熱食用。

重　點：

＊這與青椒包肉這道家常菜的作法相同。

＊以白菜的葉片柔軟部份代替青椒也可以。將白菜葉很快的用開水燙一下，抹乾水分，撒上少許的太白粉，再包住材料，然後放入蒸籠裡蒸，也是非常好吃的白菜捲。

＊如果用同樣的作法，以豆腐皮包材料，也是極美味的燒賣。把豆腐皮切成約十公分的方形，用開水很快的燙一下，去除水分，沾上太白粉，把材料塞入，包成約一口大小，用蒸籠蒸十分鐘即可食用。

•醃梅里肌肉燒賣

材　料：【四人份】　里肌肉500公克　醃梅2顆　蔥30公克　生薑3公克　蒜頭3公克　豆鼓1大匙。

調味料：沙拉油1大匙　味噌、醬油、砂糖各1大匙　太白粉2小匙　胡椒、味精、酒各適量。

作　法：

①里肌肉切成一口大小（十五公克左右）。蔥、生薑、蒜頭切末。豆鼓泡在水中。醃梅去子。

②把醃梅的果肉搗碎，放入容器中，加入全部的調味料攪勻。

③在②中加入①的全部材料，仔細的攪勻，將材料盛入盤中，連同盤子一起放入蒸籠中，用大火蒸十五～二十分鐘即可取出食用。

重　點：

＊如果把此道燒賣當成配菜，再加上萵苣與青梗菜的燙菜一起食用，更加美味可口。

＊關於豆鼓的藥效，請參照前面所提。

•各種有名的燒賣

如果在飲茶的時間內，進入香港各地區的茶樓，就會看到陸續出爐的各式各樣燒賣。當地的食客花上三～四小時，在茶樓中一面慢慢地品茗，一面選擇自己喜歡的燒賣，享受著吃的樂趣。

下面介紹各種有名的燒賣：

＊以鮮魚為材料的燒賣：

鮮蝦燒賣、蟹黃燒賣、瑤柱燒賣。

＊以鮮肉為材料的燒賣：

乾蒸燒賣、排骨燒賣、牛肉燒賣、鮮潤燒賣、雞粒燒賣、鴛鴦燒賣。

＊以蔬菜或其他食物為材料的燒賣：

翡翠燒賣、草菇燒賣、青椒燒賣、腐竹燒賣、糯米燒賣、鼎湖燒賣。

這些著名的燒賣，大部份都可以自行在家中烹調。希望大家能選擇自己喜歡吃的燒賣，享受親自烹飪減肥燒賣的樂趣。

第三章

從體內自然顯現美麗的食譜

楊貴妃喜歡把珍珠磨成粉飲下，為了把荔枝由華南運至長安，不惜花費大量的人力與金錢。埃及豔后克麗奧佩脫拉，喜歡用牛奶沐浴。

由此可知，女性為了愛美，所做的各式努力，真是古今均同。現在的女性，為了保養肌膚，全身塗滿了像泥土般的保養品，在臉上也敷了滿臉的美容敷面劑，或是購買高價的化粧品等，均如楊貴妃與克麗奧佩脫拉一樣，只有一個目的，追求美的境界。

但是，仔細的想一想，不論外表如何的打扮，事實上範圍有限，效果也有限，因為女性的美麗與嬌媚，受到女性賀爾蒙分泌的影響，如果不能由體內來滋養身體，就不可能會有天生自然的美麗顯現。

為了能有由體內自然的顯露於外的美麗，一定要攝取均衡與適當的營養，刺激體內賀爾蒙的分泌。

為了達到減肥的目的，毫無科學根據的盲目節食，只會徒生病症，對身體毫無益處。有人想利用維他命或其他藥物，達成肌膚滑潤的目的。但是，服用維他命A的藥物，只能期待該藥物的單一效用，更有服用過量的危險。如果食用含有維他命A的食物，除了能使肌膚與雙目美麗外，也能攝取到其他對身體有益的營養素。由此可知，我們的菜餚可說是最完美的美容食品。

一、治癒生理不順——使心情愉快

能解除女性生理不順或生理痛等，有關生理方面的各種病症的食譜，雖然在第一章已介紹過紅花肉丸、豬肝湯、炒豬肝、紅燒豬肝、蓮藕牛肉湯等，但後面將介紹的食譜，也會有令人驚異的效果。

●醋溜生薑蛋

材　料：【四人份】　生薑300公克　蛋10個　黑醋3杯　冰糖1杯

作　法：

①把生薑切成拇指般大小，去除生薑外皮，洗淨後瀝乾水分。

②把醋與冰糖均放入深鍋中煮沸，煮沸後加入生薑，用小火續煮。

③用另外的鍋煮蛋，約煮十分鐘即可。將煮熟的蛋，剝掉蛋殼，加入

②中，用小火煮一小時左右，熄火後，待其冷卻即可食用。

重　點：

＊生薑的香味與辣味，混合著冰糖與醋味，呈現了獨特的風味。放入容器，保存於冰箱，隨時都可食用，對婦女病、頭痛、生理痛、貧血等疾病有療效。

●紅花番茄湯

材　料：【四～五人份】　雞腿肉（帶骨）2副（約400公克）　紅花10公克　番茄2個　新鮮香菇3朵　生薑（薄片）10公克　胡蔥2枝。

調味料：鹽1.5小匙　固型調味料1個　沙拉油1大匙　醬油2大匙　香蔴油1小匙　胡椒少許。

作　法：

①把雞腿肉連骨一起切成適當大小，與香菇、紅花、生薑片一起放入深鍋中，注入八杯水。加入固型調味料用大火煮沸，沸騰後再調成中火，

續煮三十分鐘。

②在煮雞肉的同時，很快的將番茄燙一下，然後剝去外皮，切成適當大小。胡葱切成三公分長，把這些材料加入①的湯內，煮十分鐘後，再以適量的鹽來調味。

③將鍋內食物，盛在較大的盤中，趁熱食用。湯內的雞肉則沾調味料當成菜餚食用。

調味料是以適量的沙拉油、醬油、香蔴油、胡椒，仔細攪勻後，做雞肉的佐料。

●地黃炒豬肝

材　料：【四～五人份】　豬肝250公克　番茄2個　洋葱100公克　青椒2個　蒜頭5公克　熟地黃15公克。

調味料：醬油、酒、太白粉各1大匙（以上做為醃料使用）　沙拉油7大匙　鹽1小匙　胡椒、味精各少許　太白粉1小匙　香蔴油少許。

作　法：

①把豬肝切成約三公分厚，很快的燙一下（變成略帶白色），放入容器中，浸入醃料中。

②把番茄以開水燙過後，剝去外皮，切成適當的大小。青椒三個也切成適當的大小。洋蔥亦同，蒜頭、生薑切末。

③把熟地黃洗淨後，切末並泡在水中約十五分鐘。

④把鍋子加熱後，倒入四大匙的沙拉油，將豬肝倒入快炒一下（至半熟時），迅速的取出備用。

⑤把鍋子洗淨後加熱，倒入三大匙的沙拉油，再倒入②的材料快炒一下，再加入二分之一杯的水。

⑥把③的熟地黃和適量的鹽、胡椒、味精一起加在⑤中約煮一分鐘，再放入④的豬肝續煮二分鐘。

⑦用雙倍的水溶解一小匙的太白粉，加入⑥中勾芡，並淋上少許的香蔴油，盛盤趁熱食用。

重　點：

＊地黃又名胡面莽、婆婆奶，原產地是中國，為玄參科植物地黃的根

莖，多年生草本，全株密被白毛。原生的叫做生地黃，以陽光曬乾的叫乾地黃，蒸過後再曬乾的叫熟地黃。對增血、止血、鎮靜、鎮痛、滋潤、強壯、抑制糖尿病等病症有療效。可以當做治療生理不順、褐斑、貧血、糖尿病的食物療法，加在菜餚中煮食，對美顏也有極佳的效果。

＊但是，要注意地黃有停滯於胃部的傾向，因此，雖然對美容有益，也不可以一次即食用過量。

二、治癒冷虛症——使冬季化粧更易上粧

冷虛症，在醫學上並不將其視為病症的一種，但是，為此病困擾的人非常多。

冷虛症的人到了冬天，腰部以下即開始發冷，或是手腳發冷而肌膚粗糙，感到痛苦不堪。患有此症的人大多有貧血的傾向，因為冷虛症是由血液循環不順暢所引起的。所以，應該要經常攝取能造血的食物，使造血機能正常。

•炒豬肝

材　料：【四人份】　豬肝200公克　木耳20公克　韮菜2束　蒜頭5公克　生薑5公克。

調味料：醬油1大匙　酒1小匙　太白粉1小匙（以上做為醃料使用）沙拉油4大匙　酒、醬油各少許　鹽$\frac{1}{2}$小匙　砂糖2小匙　胡椒、味精、香蔴油各少許。

作　法：

①把豬肝切成三毫米厚，浸在醃料中。

②木耳先以溫開水泡過後，洗淨切絲。韮菜則切成三公分長。生薑、蒜頭切末。

③先把鍋子加熱，倒入沙拉油，再倒入豬肝快炒一下，即取出放入容器備用。接著用大火炒蒜頭、生薑、木耳↓用適量的酒、醬油、鹽、砂糖調味，再把豬肝放入↓加入韮菜，用胡椒、味精、香蔴油調味。

④接著，迅速倒入四大匙的水，攪拌均勻。

重　點：

＊豬肝可以用牛肝來代替。肝臟含有豐富的維他命A，具有使肌膚光滑滋潤的效用。

●蔥花豬肝

材　料：【四人份】　豬肝250公克　蔥20公克　生薑10公克。

調味料：酒1大匙　醬油2大匙　沙拉油3大匙　香麻油1大匙　鹽、胡椒、味精各少許。

作　法：

①把豬肝切成約三毫米的厚度，很快的在水龍頭下沖一會兒。生薑、蔥切絲。

②在鍋中注入適量的水經煮沸後，加入酒與鹽後，放入豬肝↓用大火煮，隨時以筷子攪開豬肝，待豬肝略呈白色，立即撈出放入容器備用。

③把生薑絲與蔥花撒在②的豬肝上，再淋上加熱後的沙拉油↓加入適當的醬油、香麻油、胡椒、味精，攪拌均勻後，即可食用。

重　點：

＊如果不喜歡蔥花的辛辣味，可以把蔥花切除，蔥最好不要泡水，比較有鮮味。

＊豬肝也可以用牛肝代替。

●菠菜豬肝湯

材　料：【四人份】　菠菜1把　豬肝150公克　生薑5公克。

調味料：醬油2大匙　酒1小匙　太白粉1小匙（以上做為醃料使用）　沙拉油1大匙　鹽1.5小匙　胡椒、味精、香蔴油各少許。

作　法：

①把菠菜洗淨後，切成五公分的長度。生薑切成薄片。

②豬肝儘量切薄，浸在醃料中。

③把鍋子加熱，加入適量的沙拉油與鹽，倒入六杯開水↓倒入生薑與菠菜來回炒二～三次，等炒熟後，即加入②的豬肝↓用胡椒、味精、香蔴油調味。

④待豬肝煮熟後，即可盛盤食用。

重　點：

＊這是道作法簡單，又營養豐富的湯類。

＊菠菜不但含有豐富的鐵質，更是補血的健康食物，對貧血與冷虛症的患者非常適宜。

＊可以用牛肝來代替豬肝。並且也可加入稱為植物性蛋白質精髓的豆腐一塊，縱切成二半，再橫切成一公分的厚度，也非常可口。

●當歸雞湯

材　料：【四人份】　當歸80公克　雞腿肉（帶骨）2隻　生薑10公克。

調味料：鹽1小匙　沙拉油1大匙　醬油2大匙　胡椒少許　香蔴油1小匙。

作　法A：

①把當歸切成薄片，放入容器中，注入一杯熱開水，即會滲出香味。

生薑切成薄片。

②把雞腿肉連骨一起切成適當的大小，用開水燙一下，即撈出放在竹箕中備用。

③把①與②的材料，放在有深度的容器中，加入足以蓋住材料的開水與適量的鹽，連容器一起放入蒸籠↓將容器的蓋子蓋好，並蓋上蒸籠蓋，用大火蒸約一小時↓再調成中火，續蒸三十分鐘，即可趁熱食用。

④雞腿肉沾混合著適量的醬油、香蔴油、胡椒、沙拉油的佐料食用。

作　法B：

①把已切成適當大小的雞腿肉，很快的用開水燙一下。當歸洗乾淨。

②把①的材料放入深鍋內，加入八杯水與生薑↓用大火煮三十分鐘，即調成中火，續煮三十分鐘。待雞肉煮至柔軟↓就把雞肉盛在盤中，沾醬油食用。鍋內的湯，用一．五小匙的鹽，和少量的胡椒、味精調味，即可趁熱食用。

重　點：

＊當歸是治療婦女病的良藥，正如前述。因其含有維他命A、維他命

B_2及其他微量的貴重成分。

＊手腳虛冷、虛弱體質的女性們，為了消除苦惱，一定要試試當歸的妙效。

＊凡是要加入當歸等中藥烹調的食譜，因為需長時間的熬煮，所以要用陶瓷製的鍋子。

三、熟睡能使身心充分休息產生蓬勃的朝氣

只有健康活潑的美人，絕對不會有疲倦憔悴的美人。身心均充滿蓬勃的生氣，才能自然的顯現魅力。

疲勞是會感染的，如果積存了太多的倦意，整個人懶洋洋的，毫無生氣，就像枯萎的玫瑰，令人生厭。為了能消除疲勞，應該多攝取有營養的食物，睡眠也要充足，養精蓄銳，做個健康的美人。

人生有三分之一的時間花在睡眠上，睡眠的重要自不言而喻。如果睡眠不足，將會心情鬱悶，肌膚粗糙，雙眼混濁、無神。

在現今忙碌的社會中，有失眠傾向的人相當的多，心事太多、壓力過重、吸煙、喝酒過量，以及內臟方面的疾病，都可能招致失眠。治癒失眠症，首先要以飲食療法由體內開始根治。

●高麗參蒸絞肉

材　料：【四人份】　牛腱肉（切成薄片）300公克　香菇3朵　陳皮1片。

調味料：高麗參粉1包　醬油1大匙　太白粉2小匙　酒2小匙　沙拉油2大匙　胡椒少許　生薑汁少許。

作　法：

①把薄片的牛腱肉切絲後，用紗布包起，以菜刀刀背或啤酒瓶仔細的敲碎，成為絞肉狀。香菇與陳皮泡水後切末。

②把①的材料放入容器中，以適量的調味料全部倒入，仔細的攪拌。

③將鍋中食物全部盛在盤中，連盤子一起放入蒸籠↓用大火蒸十五分鐘，即可趁熱食用。

重點：

＊高麗參對胃腸虛弱、食慾不振、貧血、疲勞的人有療效。

＊如果沒有高麗參，可以用十五公克的芡實，加入一百cc水煮十五分鐘至沸騰，利用此煮汁即可。

●茄汁雞肝

材料：【四人份】雞肝500公克　小黃瓜1條。

醃料：醬油2小匙　酒2小匙　太白粉4大匙。

調味料：番茄醬3大匙　酒2小匙　蠔油2小匙　咖哩粉1/2小匙　香蔴油1小匙　蒜泥1/2小匙　太白粉1/2小匙　醋2小匙　砂糖1大匙　水2大匙。

作法：

①把雞肝用鹽水洗乾淨，去除膽囊、脂肪，切成約一口般大小，很快的用熱開水燙一下，撈出瀝乾水分，浸在醃料中。

②把其他剩下的調味料，放進容器中攪勻。

③鍋中加入五～六杯的沙拉油加熱，倒入①的雞肝，炸成金黃色後再撈出。

④把鍋中的沙拉油倒出後，放入②的材料，煮沸後，再把③的雞肝放入，很快的攪勻。

⑤將鍋內的食物盛在盤中，切成薄片的小黃瓜，放在盤子邊緣裝飾。

重　點：

＊處理調味料時，要十分仔細。因為種類很多，不要混淆。

＊雞肝炸至金黃色即可。

●香菇炒冬菜

材　料：【四人份】　香菇6朵　竹筍70公克　冬菜20公克　生薑3公克。

調味料：沙拉油4大匙　酒1大匙　醬油1小匙　砂糖2小匙　蠔油1大匙　太白粉1小匙　香蔴油2小匙。

作　法：

①香菇泡水後，去蒂，再斜切成薄片。竹筍切成約三公分厚度。生薑切成薄片。冬菜由瓶中取出備用。

②鍋子加熱後，倒入四大匙的沙拉油，用大火炒香菇、竹筍、生薑↓再以適量的酒、醬油、砂糖調味↓然後加入一杯的水。

③接著，加上蠔油與冬菜，煮三～五分鐘後，再以溶解好的太白粉勾芡，很快的滴上香蔴油，攪勻後即可盛盤。

重　點：

＊冬菜是將白菜的幼芽與蒜頭一起切細，然後用鹽漬藏而成的醃菜，是山東名產。在冬季較長的地區，因為缺乏新鮮的蔬菜來補充維他命與礦物質的養分，所以，格外受人珍視。冬菜可與牛肉、豬肉、粉絲等調配，採用蒸、煮、炒或湯類的烹調方式均非常的好吃。

＊冬菜不但能促進食慾，更能消除疲勞。

•牡蠣炒黃耆

材　料：【四人份】　牡蠣200公克　豆腐2塊　黃耆20公克　葱50公

克　豌豆莢20公克　生薑5公克。

調味料：沙拉油4大匙　酒2小匙　醬油1.5大匙　砂糖1小匙　固型調味料1個　1/3小匙　胡椒、味精各少許　太白粉1大匙　香蔴油1小匙。

作　法：

①把黃耆洗乾淨，放入鍋中，加入二杯水，用小火熬煮一小時左右，熬至約只有一杯的煮汁即可。

②牡蠣用鹽水洗乾淨，以熱開水很快的燙一下，撈在竹箕內備用。豆腐切成適當的大小，生薑切成薄片，蔥斜切成蔥花，豌豆莢洗淨去筋。

③把沙拉油倒入鍋中加熱，順序的加入生薑、蔥、豆腐、牡蠣↓再加入適量的酒、醬油、砂糖等調味，很快的把材料來回炒二～三次後，加入①的煮汁與豌豆莢。

④用固型調味料、鹽、味精調味。待煮沸後即倒入溶解好的太白粉勾芡，滴上香蔥油攪勻，即可盛在深盤中食用。

重　點：

＊黃耆是豆科植物的根部，不但具有強壯、降血壓、擴張微血管的效用，同時也有消除睡眠時冒汗，與供給皮膚營養的作用。

＊牡蠣所含的成分，也可以消除疲勞、治癒宿醉。

＊蔥自古即被認為具有催眠效果。

四、使憂鬱的表情變得格外明朗

沒有精神，缺乏元氣的人，怎樣也無法完全的投入工作，面部表情灰暗，肌膚也缺乏光澤。這種人大多是因為偏食，導致營養攝取不均衡的結果。

飲食時一定要攝取均衡的營養，並持續的食用能增強精氣的食物，這樣才會充滿活力，精神集中，表情活潑明朗，不再憂鬱。

•枸杞飯

材　料：【四～五人份】　糯米2杯　枸杞20公克　蝦米20公克

香菇2朵　醃肉80公克　胡蔥2根。

調味料：沙拉油2大匙　醬油1大匙　砂糖1小匙　酒少許　鹽1.5小匙　胡椒、味精各少許　炒熟的白芝麻1大匙　生薑汁少許。

作　法：

①選擇品質較佳的蝦米，泡在水中浸一個晚上。香菇要泡過水後再切絲。醃肉與胡蔥也要切絲。

②把糯米淘洗乾淨後，泡在水中約浸三個小時。枸杞洗淨後，也泡在水中浸三小時。

③把②的糯米與枸杞，一起放入鍋中，倒入三杯水燜煮。

④把沙拉油倒入鍋中並加熱，加入蝦米、醃肉、香菇↓以適量的生薑汁、胡椒、酒、醬油、砂糖調味，並快炒約一分鐘左右。

⑤把④的調味料加在③的糯米飯上，再加入適量的白芝麻、胡蔥、鹽、味精仔細的攪勻，即可食用。

重　點：

＊枸杞具有促進血液循環的作用，葉子更有增強血管的成分，根部則

能預防高血壓。

＊若能長期飲用由枸杞嫩葉製成的枸杞茶，到了老年，則不需要戴老花眼鏡。

＊若以叉燒肉來代替醃肉，也非常的美味可口。

●花生排骨湯

材　料：【四人份】　花生1/2杯　豬小排500公克　生薑5公克　大棗10個。

調味料：鹽、胡椒各少許　醬油2大匙　沙拉油1大匙。

作　法：

①把花生連薄皮一起放入平底鍋，炒二～三分鐘。

②把豬小排切成約一口般大小。

③把棗子洗乾淨，生薑切成薄片。

④把①～③的材料全部一起倒入深鍋中，加入八杯水，用大火煮十五分鐘↓再調成中火，續煮一小時。

⑤用鹽、胡椒來調味，材料中的豬小排則沾佐料食用。

佐料：把適量的醬油、沙拉油、少量的胡椒攪勻。

重　點：

＊新鮮的花生並不是一年四季都有，只有在夏季至秋季時才生產。

＊花生的薄皮也很有營養。

＊如果想剝掉花生的薄皮，只要將花生泡在水中一晚上，即可輕易的剝掉薄皮。

＊花生類食品含有豐富的鈣、鐵、維他命B_1、維他命B_2，可預防脂肪積存於肝臟，也降低血液中的膽固醇，預防動脈硬化，治癒貧血，對腎虛（房事過多引起的衰弱）也有效果。

●花生蘿蔔湯

材　料：【四～五人份】　新鮮的花生1/2杯　蘿蔔700公克　紅蘿蔔100公克　生薑10公克。

調味料：鹽、胡椒各少許　醬油2大匙　沙拉油1大匙。

作法：

①花生泡在水中浸一晚上，去除薄片，瀝乾水分，放入平底鍋炒。

②蘿蔔削皮，切成一個雞蛋般大小。紅蘿蔔切成適當大小。生薑切成薄片。

③把①與②的材料全部一起放入深鍋，注入八杯水↓用大火煮十五分鐘後，再調成中火煮一小時。

④待花生煮軟後，就熄火，用鹽、胡椒各少許調味。

⑤將材料中的蘿蔔與紅蘿蔔沾混合的佐料食用。

佐料：把適量的醬油、沙拉油、胡椒少許攪勻。

重點：

＊蘿蔔與紅蘿蔔所含的營養，能治癒缺乏體力與身體燥熱，也能消除疲勞。

＊花生也可連薄皮一起食用。

●海參炒香菇

海參含有豐富的蛋白質、鈣質與膠質，能預防高血壓和動脈硬化，並有強壯強精的成分，對美容也頗有助益。

材　料：【四人份】　海參（泡過水）300公克　香菇3朵　竹筍80公克　豌豆莢80公克　生薑5公克。

調味料：沙拉油4大匙　酒2小匙　醬油2小匙　砂糖1.5小匙　蠔油1大匙　胡椒、味精各少許　太白粉2小匙　香蔴油少許。

作　法：

①把泡過水的海參切成二公分寬、五公分長的長方形。

②香菇也要泡過水後，去蒂，再斜切成薄片。竹筍、生薑切成薄片。豌豆莢去筋再洗乾淨。

③把鍋子加熱後，倒入沙拉油，放入①與②的材料炒↓用適量的酒、醬油、砂糖調味，再倒入一杯水↓再加入蠔油、胡椒、味精等調味料，煮二分鐘。

④接著倒入以雙倍的水溶解好的太白粉勾芡，再滴上少許的香麻油，很快的攪勻，即可盛盤。

重　點：

*海參泡水的過程如下：

①把鍋中的油份洗乾淨，倒入開水煮沸後，將曬乾的海參放入鍋中，即連鍋一起移開。

②待鍋中水冷卻後，再放於爐上，開火煮至沸騰後四～五分鐘左右，再連鍋一起移開。

③這樣重複二～三次後，海參便膨脹至十倍大左右，呈現非常柔軟的狀態。

④把柔軟的海參縱向剖開，取出泥腸與砂，將海參洗淨，倒入乾淨的水，放入海參，煮五分鐘左右，即連鍋移開。

⑤經過這些程序，再將海參放入容器注水，連同容器一起放入冰箱保存，需要時再取出。

*海參的種類很多，品質均不同。通常曬乾的海參會膨脹至四～五倍

（去除泥腸前為十倍左右）。

五、治癒憂鬱症——使心情輕鬆

憂鬱症因不易了解發生的原因，故格外的叫人討厭。有因讀書過度或工作上的倦怠感而導致憂鬱症，也有人因貧血而使心情鬱悶或太熱衷於唸書而頭昏，或是冷虛症，以及生理痛等均可能招致婦女特有的憂鬱症——若想減輕這些症狀，可以嚐試川芎蛋的食譜。

材料：【四～五人份】　川芎20公克　白芷20公克　雞蛋10個。

作法：

①把蛋放入鍋中，加一些水，煮十分鐘，蛋熟後，剝殼。

②把川芎、白芷與八杯水放入深鍋中。煮沸後即加入①的雞蛋，用小火煮二小時左右。

③連煮汁一起放入冰箱中冷藏，一天可吃一～二個，很快的頭痛與憂鬱感就會消失。

重點：

＊煮二小時若會將水煮乾，則可多加些水。

＊川芎是繖形科植物芎藭的根部。因為四川省所產品質最有名，故被稱為川芎，和當歸同為治婦女病的妙藥。

＊如果在淋浴時，把川芎包在布包中，放在浴缸內，即是治療冷虛症的藥草。

＊白芷是繖形科，多年生草本，果實圓扁形。白芷的根部供藥用，具有止血與治頭痛、牙痛、感冒的藥效。

六、消除急躁、歇斯底里的症狀

容易緊張的人，應該經常攝取蝦米與韮菜，使精神安定，如果心情輕鬆，則面部表情自然柔和而美麗。

韮菜中含有獨特的成分，能促進食慾，及熱能代謝所必須的維他命B_1的吸收，並具有緩和神經的作用。

•粉絲蝦米湯

材　料：【四人份】　粉絲30公克　蝦米50公克　白菜200公克　香菇2朵　生薑15公克　韮菜5～6枝。

調味料：沙拉油2大匙　酒2小匙　鹽1.5小匙　胡椒、味精各少許　醬油1小匙　香蔴油1/2小匙。

作　法：

①蝦米、香菇、粉絲都要泡水。蝦米去殼，香菇去蒂後切絲，粉絲切成約十公分長，白菜、韮菜切成五公分長，白菜再縱向切絲。生薑切絲。

②把鍋子加熱後，先倒入沙拉油，再放蝦米與生薑，稍微的炒一下↓加入適量的酒，待產生出香味時，即注入六杯水（開水亦可）↓加入白菜、香菇，用適量的鹽、味精調味↓待沸騰後，續煮二～三分鐘，加上粉絲與韮菜。

③加入適量的醬油與少許的香蔴油，即可盛盤食用。

重　點：

＊蝦米含有鈣質、粉絲含有澱粉、白菜的纖維質、韮菜與香菇的藥效亦滲出，而成為一道能安定神經並解消壓力的湯類。

＊粉絲是用綠豆製成，品質極優，並具有美容的效果。

●茴香炒蝦米

材　料：【四人份】　蝦米30公克　韮菜1把　粉絲30公克　白菜（莖）200公克　生薑5公克　茴香少許。

調味料：沙拉油4大匙　酒2小匙　固型調味料1個　鹽1小匙　味精少許　香蔴油1大匙。

作　法：

①蝦米泡水，浸泡至能夠咀嚼的柔軟程度。粉絲也要泡水，切成約十公分的長度。白菜莖切成五公分的長方形，韮菜切成約五公分長，生薑切絲。各自準備好。

②把鍋子加熱後，倒入沙拉油，快炒蝦米、生薑後，加入適量的酒。待鍋中產生香味，即加入白菜↓炒一分鐘後，再倒入一杯水。

③接著用固型調味料、鹽、茴香、味精調味。

④待白菜煮熟後，加入粉絲，滴上幾滴香蔴油，攪拌二～三次後，即可盛盤食用。

重　點：

＊茴香是繖形科多年生植物的子，子的大小像麥子。帶有淡淡的甜味與苦味，通常是做為香辛料使用。對胃腸機能衰弱的人，能排出腸內廢氣，對冷虛症、貧血亦有療效。

＊如果沒有茴香，用胡椒代替也可以。

●韮菜炒蛋

材　料：【四人份】　韮菜1把　豆苗1袋（250公克）　雞蛋2個　炒熟的白芝蔴1大匙　醬油5公克。

調味料：沙拉油5大匙　鹽1小匙　醋1小匙　五香粉、味精各少許。

作　法：

①把二個雞蛋打在容器內，攪拌均勻後，用平底鍋煎成二片極薄的蛋餅，然後再切絲。

②把韮菜切成約五公分的長度，豆苗洗淨後瀝乾水分，生薑切絲。

③把鍋子加熱後，倒入沙拉油，加入適量的鹽，按照生薑、豆苗的順序加入鍋中快炒↓滴上一小匙的醋，加入五香粉、味精很快的攪勻。

④鍋子由爐中取下，撒上①的蛋絲，用筷子仔細的攪勻，即可盛盤，再把白芝麻撒在上面，即可食用。

重　點：

＊五香粉是把花椒、胡椒、肉桂、茴香、丁香等各式中藥，磨成粉末的一種香辛料。

＊也可以茴香代替炒熱的白芝麻。

＊韮菜的藥效能鎮靜神經，使面部表情柔和。

七、治癒神經衰弱症狀表現溫柔魅力的香辛料

如果在菜餚中加上龍眼肉、天門冬等中藥，或是金針，即能神奇的治癒神經衰弱，使面部表情明爽而柔和，展現出溫柔的魅力。在達成美容效果的同時，又能保持身體健康。

●添加中藥的蒸魚

材　料：【四人份】絞碎的白肉魚400公克　豬腿肉100公克　龍眼肉20公克　天門冬10公克　金針80公克　醃梅2顆　竹筍80公克　生薑10公克　蔥30公克。

調味料：鹽1小匙　太白粉1.5大匙　醬油1大匙　酒1大匙　沙拉油2大匙　胡椒、味精各少許　砂糖2小匙。

作　法：

①把絞碎的白肉魚洗乾淨，瀝乾水分，撒上適量的鹽與一大匙的太白

粉後，把白肉魚排在盤中。

②把豬肉切成約一口大小的薄片，竹筍切成薄片，蔥斜切成極薄，生薑切絲。金針泡過水後，把兩端切除，醃梅去籽把果肉搗碎，龍眼肉與天門冬切細。

③把②的材料放入容器，加入適當的醬油、酒、沙拉油、胡椒、味精、砂糖攪勻後，再加入二分之一大匙的太白粉攪勻後，把容器中的材料，蓋在①的白肉魚上。

④把③連容器一起放入蒸籠，用大火蒸二十分鐘，趁熱食用。

重點：

＊龍眼肉是由曬乾的龍眼剝下果肉所做成，能治療失眠症，並有鎮定神經的效用。

＊天門冬是百合科植物的根部，具滋補強壯、利尿、滋潤的藥效。

＊絞碎的白肉魚，若加上魚頭部份的肉，更加美味。

・木耳蒸肉

材　料：【四人份】　金針100公克　木耳50公克　豬腿肉250公克　大棗5個　生薑少許。

調味料：醬油2大匙　沙拉油2大匙　砂糖1小匙　酒1小匙　胡椒、味精各少許　太白粉1大匙。

作　法：

①把金針泡水浸軟後，切掉兩端。把木耳泡水浸軟後，切掉蒂。棗子取掉籽，將一個棗子切成三份後，泡水浸軟。生薑切成薄片，豬肉切成約一口般大小。

②把①的材料全部放入容器，加入全部的調味料，仔細的攪拌均勻。

③把容器中的材料，全部平坦的盛在盤子中，連盤子一起放入蒸籠約蒸二十分鐘。即可趁熱食用。

重　點：

＊金針與大棗能緩和神經緊張。

＊木耳中所含的成分，可以促使血液中過多的膽固醇或積存於肝臟過多的膽固醇排出。

●薏仁雞肉湯

材　料：【四人份】　薏仁30公克　雞腿肉（帶骨）2副　白菜400公克　香菇3朵　生薑5公克。

調味料：鹽少許　醬油4大匙　沙拉油2大匙　胡椒少許　蔥（切末）20公克。

作　法：

①薏仁用菜刀輕輕的搗一下，泡在水中一晚上。

②雞腿肉帶骨切成適量的大小。白菜切成長方形，香菇泡過水後，去蒂，斜切成絲狀。生薑切成薄片。

③把鍋子倒入六杯水，煮沸後，放入生薑、雞腿肉、薏仁↓用大火煮十五分鐘後，加入白菜、香菇續煮十五分鐘。

④把③的湯用鹽調味後即可食用，將湯中的材料取出盛在盤子中，沾

混合鹽以外的其他調味料食用。

重　點：

＊金針與蔥、薏仁具有安定精神、利尿、美容的效果。

＊這道湯中若加入豆腐更加美味，並可攝取到植物性蛋白質。

●黑豆牛肉湯

材　料：【四人份】　黑豆1杯　牛腱肉200公克　生薑10公克　大棗10個。

調味料：鹽少許　醬油4大匙　沙拉油2大匙　胡椒少許。

作　法：

①黑豆要炒至產生香味，再盛在盤內備用。牛腱肉切成約三公分的丁狀，生薑搗碎，大棗洗乾淨。

②把八～十杯的水和①內全部的材料，放入深鍋中↓用大火煮二十分鐘後，調成中火續煮一小時。

③煮熟後，湯用鹽調味，牛肉則沾鹽以外的調味料混合後沾食。

重　點：

＊也可以用豬腿肉或豬小排代替牛腱肉。

＊如果使用牛尾烹飪，味道更佳。

＊黑豆是補血與安定神經的食品。

•香菇湯

材　料：【四人份】　香菇16朵　生薑1塊　雞油2大匙。

調味料：鹽、酒、醬油、胡椒、沙拉油各少許。

作法A：

①香菇泡水浸軟，去蒂，生薑切成薄片。

②把二大匙的雞油放入鍋中加熱，倒入生薑、香菇，用大火炒，加入一大匙的酒，與五杯水↓將鍋中食物倒入較大的容器，加蓋，連容器一起放入蒸籠，用大火蒸二十分鐘↓調成中火，續煮二個小時。

②由蒸籠取出，用一．五小匙的鹽與少許的醬油調味。

③湯可直接食用，香菇則沾醬油食用。

作法B：

①把香菇泡水浸軟後，去蒂。將一大匙沙拉油倒入鍋內，快炒香菇與生薑，約炒一分鐘↓把鍋中材料移入另一深鍋中，注入八杯水，用大火煮沸，調成中火，續煮一小時左右。

②待香菇煮軟後，再用一・五小匙的鹽、一大匙的酒、少許的胡椒來調味。

重　點：

＊香菇能使形成動脈硬化的病因，即血液中膽固醇安定，還有降血壓的作用。也是預防肥胖的食品，另外也有研究報告指出，香菇能預防癌症的發生。

＊香菇的藥效，會溶解在香菇的煮汁中。

八、使身材豐潤的食譜

目前，減肥非常的盛行，但是，為體重過輕而苦惱的人也不少，許多人不論怎麼吃也吃不胖。

大體而言，雖然很瘦，但身體卻很健康，身高與體重非常勻稱，就不必為太瘦而苦惱。但許多人，免不了心想，若能再胖一些，該有多好！

體質性消瘦者無急性、慢性疾病而出現的食慾不佳（厭食），應注意膳食品種的合理調配，經常換花樣，以避免單調。根據不同季節，挑選應時新鮮、美味清口的食物，如初春的嫩筍，入夏的西瓜，晚秋的蘑菇，嚴冬的蝦仁等。

要講究烹調方法，突出色、香、味，選用助消化、增食慾的食品，如藕粉、山楂、水果等。另外還要改掉偏食、吃零食等不良飲食習慣，養成定時進餐的好習慣，還要注意不能忽視早餐，早餐要重質保量。

在女性當中，有許多人因過瘦，而讓別人感覺性格乖僻，或是缺乏女性韻味，不少女性即因此而深受困擾。對於這些苦惱的女性，建議她們可以多多食用毛豆。

下面將介紹以毛豆為主的美味食譜。

●毛豆炒大芥菜

材　料：【四人份】　毛豆（連莢）600公克　鹽漬大芥菜150公克。

調味料：沙拉油5大匙　生薑汁、酒各少許　鹽1/2小匙　香麻油少許。

作　法：

①把毛豆莢燙熟，由豆莢中取出毛豆。鹽漬大芥菜切成像毛豆般大小的粒狀，很快的燙一下，泡在水中十分鐘。

②把沙拉油倒入鍋中加熱，用大火炒大芥菜→加入生薑汁、酒，增加香味，再放入毛豆→接著用適量的醬油、砂糖、鹽調味，快炒二分鐘，即刻滴上幾滴香麻油，攪勻後，即盛盤食用。

重　點：

＊毛豆特有的清淡風味與大芥菜的鹽漬配合，就成了一道可口的家常菜，也可做為下酒菜。

＊鹽漬的大芥菜，因鹽分很多，故宜先濾除鹽分再食用。

●青椒炒毛豆

材　料：【四人份】　毛豆（連豆莢）500公克　青椒3個　鹽漬大頭菜50公克。

調味料：沙拉油5大匙　醬油1大匙　砂糖1小匙　酒1小匙　豆瓣醬1/2小匙　香蔴油少許。

作　法：

①毛豆燙熟後，由豆莢中取出毛豆。青椒去籽切成丁狀。鹽漬大頭菜切細。

②把沙拉油倒入鍋中加熱，用大火快炒①的全部材料→用適量的醬油、砂糖、酒、豆瓣醬調味。

③待青椒等炒熟後，即滴上香蔴油，盛盤食用。

•毛豆炒絞肉

材料：【四人份】 毛豆（只有豆）300公克 絞肉150公克 胡葱2根 蒜頭（切末）少許。

調味料：沙拉油4大匙 醬油1小匙 酒1小匙 鹽1小匙 砂糖1.5小匙 固型調味料1個 太白粉、香蔴油、胡椒各少許。

作法：

①毛豆不要燙太軟，稍微硬一些，胡葱切成約一公分長。

②把鍋子加熱，倒入沙拉油，依序放入絞肉、蒜頭、毛豆，炒一次→用適量的醬油、鹽、砂糖、酒調味，再倒入一杯水→加入固型的調味料，煮二～三分鐘，再加入溶解好的太白粉，撒上胡葱、胡椒、香蔴油，輕輕的攪勻，即可盛在深盤中食用。

重點：

＊如果將毛豆切細，就成為別具風味的家常菜。

●毛豆炒豆腐

材　料：【四人份】　豆腐2塊　毛豆（只有豆）300公克　生薑（切末）少許　胡葱1根。

調味料：沙拉油5大匙　醬油2小匙　鹽1小匙　砂糖1.5小匙　太白粉2小匙　胡椒、香蔴油各少許。

作　法：

①毛豆燙熟後切細，胡葱切成五公分長度。

②把鍋子加熱，再倒入沙拉油，用大火快炒毛豆與生薑↓以適量的醬油、鹽、胡椒、砂糖調味，倒入一杯開水↓加入切成丁狀的豆腐，煮二分鐘，再加入溶解好的太白粉↓撒上胡葱、胡椒、香蔴油，小心攪勻，即可盛在深盤中食用。

重　點：

＊攪勻豆腐時，要小心輕輕的攪拌，不要攪碎。

＊以毛豆為材料的食譜，除了前面介紹的幾種外，還有紅燒豬肉炒毛

豆、毛豆魚頭、鮮蝦毛豆等，都是美味可口又能使身材豐滿的食譜。

●黃耆雞肉湯

材　料：【四人份】　雞胸肉200公克　香菇3朵　豌豆莢20公克　胡蔥3根　生薑5公克　黃耆10公克。

調味料：沙拉油1大匙　鹽1～2小匙　太白粉、胡椒、味精、香蔴油各少許　醬油1小匙。

作　法：

①把雞胸肉去皮，再薄切成一口般大小，撒上鹽與胡椒，沾太白粉備用。豌豆莢去筋，香菇泡水後，去蒂，胡蔥與生薑切末。

②在鍋中加入沙拉油與鹽，稍微加熱後，注入六杯開水。加入生薑與黃耆和①的雞肉，煮約三分鐘→依序加入香菇、豌豆莢、胡蔥煮一分鐘→再用胡椒、味精、香蔴油、醬油調味。

重　點：

＊黃耆具有改善虛弱體質、利尿、止汗的藥效。

•香菇炒菜花

材　料：【四人份】　菜花250公克，香菇50公克，雞湯適量，蔥、薑、鹽、味精各少許，水澱粉、素油少許。

作　法：

①取新鮮菜花掰成小塊，洗淨後用熱水焯過待用，香菇也洗淨切成小塊。

②炒鍋內放入少許素油，油熱後放入蔥薑末煸鍋再放入菜花，略煸炒後即放入雞湯和香菇，加鹽少許。

③用小火燒煨成熟後，調入味精，用水澱粉勾芡後出勺裝置盤中即可。

重　點：

＊香菇，味甘性平。熟食可補氣強身，益胃助食；菜花，味甘性平，健脾養胃，常食可強身健骨增重。

●杜仲炒腰花

材　料：【四人份】　杜仲12公克，豬腰子250公克，料酒，蔥、薑、醬油、白糖、醋、蒜、食鹽、味精各少許，素油適量，水澱粉適量。

作　法：

①用砂鍋把杜仲加水熬煎出汁，取出約五十毫升，放小碗內加料酒、蔥、薑、蒜末、醬油、醋、食鹽、味精各少許，兌好碗汁備用。

②把炒勺於旺火上燒熱，放素油熱至八成熟時放入腰花（豬腰子去筋膜洗淨去腥味切成腰花），馬上翻炒，待烹製到八成熟時，倒入對好的碗汁，用水澱粉勾芡至成熟，裝置盤中即可食用。

重　點：

＊杜仲可補肝腎、強腰膝，豬腰子可補腎育陰。此菜有補肝腎，強筋骨之能。食之可以健體增肥。

第四章

使聲音甜美眼睛明亮的食譜

世界上的男性對聲音甜美的女性毫無抗力。一個女性如果聲音輕柔悅耳，就會讓人心生好感。如果自己的聲音輕柔，整個人也會自然的流露出溫柔的性情。

人類的音色，雖與臉型、體型一樣，皆為天生，但是，聲帶仍受到生活習慣的影響，經常使用喉嚨的工作，即易形成獨特的聲音。

關於保護喉嚨的方法，將在這一章的最後介紹，首先，介紹使聲音悅耳的方法。

一、讓沙啞的聲音變成甜美悅耳的聲音

讓沙啞的聲音，變得更加甜美悅耳，是每一個女性的願望，下面就介紹對喉嚨有極大幫助的食譜。

●冰糖燕窩

材　料：【二人份】　燕窩30公克　冰糖1塊

作　法：

①把燕窩放入容器，加入熱開水浸軟，待柔軟即挑除羽毛與灰塵，撈起放入竹箕，瀝乾水分。

②把①的燕窩及冰糖，放入鍋中，注入約二〇〇～二五〇cc的水，加蓋後，放入蒸籠↓用大火蒸十五分鐘後，調成中火，續蒸一小時，即可趁熱食用。

重　點：

＊燕窩要仔細的挑除羽毛與灰塵。

＊這是從清朝即被視為「宮廷補品」的進補聖品。在中國的中藥食譜上記載：「滋養、潤肺、養顏、生津。」由此可知，燕窩是美容的代表性補品。

●大芥菜香菇湯

材　料：【四人份】　大芥菜350公克　香菇3朵　生薑5公克。

調味料：沙拉油2大匙　鹽1小匙　胡椒、味精、醬油、香蔴油各少許。

作　法：

①大芥菜切成約四公分的長度，至於寬度較寬處也要縱向剖成二半。香菇泡水後，去蒂，再斜切成薄片。生薑也切成薄片。

②把適量的沙拉油與鹽放入鍋中加熱，輕輕的注入五杯開水↓把①的全部材料放入煮沸，煮沸後續煮二～三分鐘，再加入胡椒、味精↓待大芥菜煮熟後，加入酒、香蔴油調味，即可盛盤。

重　點：

＊大芥菜具有治癒喉嚨沙啞、滋潤聲帶的藥效。如果長期食用，沙啞的聲音也會變得悅耳動聽。

＊如果把一百五十公克的豬腿肉，薄切成一口般大小，用醬油及太白粉各二小匙調味，沾豬肉吃，就是一道非常美味又營養豐富的菜餚。

＊也可以豆腐代替香菇，先縱切為二半，再橫切為八塊，待大芥菜煮熟加上即可。

二、治療因感冒引起聲音沙啞與咳嗽的川貝食譜

貝母又名浙貝母，是百合科、多年生草本植物的根部，沾上石灰，並曬乾的中藥藥材。

中國的浙江省與四川省均有栽培，其中以四川省所產，品質最優，故貝母亦叫川貝母，對支氣管炎、去痰、止咳、利尿等有藥效。

●川貝母蒸西洋梨

材　料：【一人份】　西洋梨1個　貝母7〜8粒。

作　法：

①把西洋梨由頭部橫向切開，挖出種子與芯。

②把貝母塞入孔內，放入碗中，用蒸籠蒸一小時，即可趁熱食用。

重　點：

＊可連西洋梨的果肉一起吃。

●川貝母蒸蘋果

材　料：【一人份】　蘋果1個　貝母7～8粒

作　法：

①把蘋果由頭部橫向切開，挖出種子與芯。

②把川貝母塞入孔內，放入碗中，用蒸籠蒸一小時左右，即可趁熱食用。

重　點：

＊如果蘋果太酸，可加些蜂蜜。

●貝母蒸蛋

材　料：【一人份】　貝母7～8粒　蛋1個　蜂蜜1～2小匙。

作　法：

①把蛋打入容器並攪勻，加入一杯水和搗碎的貝母，攪勻後，放入蒸碗。

②把①的材料放入蒸籠，用中火蒸三十分鐘，即可食用。

●川貝枇杷茶

材　料：【二人份】　枇杷葉（曬乾）8片　貝母20粒　冰糖30公克。

作　法：

①把枇杷葉洗盡灰塵。貝母搗碎。

②把冰糖與①的材料，放入較大的茶壺，加入二杯水，用小火煮三十分鐘左右。

重　點：

＊把②保存於冰箱，當成茶水飲用，一天只要喝二～三次，就能治癒咳嗽與聲音沙啞。

＊如果喜歡甜食，可以加冰糖。

＊以百合的根部曬乾後做成的乾百合十粒代替枇杷葉，也會產生同樣的效果。

＊用新鮮的百合根做味噌湯或是蒸蛋的材料，也是獨具風味的食譜。

＊把瘦肉與百合根熬煮長時間，做成湯類，每日食用二次，即能長保聲音動聽。

＊因喉嚨使用太久，或感冒引起的聲帶變調，如果連續食用三～四天添加貝母的菜餚，即可呈現卓效。每週食用二次，能使聲音悅耳，是歌星與合唱團團員的理想食品。

●青椒鑲肉

材　料：【四人份】　青椒6個　絞肉250公克　香菇3朵　洋蔥100公克　防風15公克。

調味料：鹽1小匙　砂糖1大匙　醬油1小匙　酒1小匙　香蔴油1小匙　太白粉1大匙　胡椒、味精各少許。

作　法：

①防風要泡水浸三十分鐘，洗淨後切細，瀝乾水分。

②香菇泡水後，去蒂，切末。洋蔥切末。

③把①與②的材料與絞肉放入容器，再加上全部的調味料，並且攪拌

均勻。

④青椒縱向切成二半，去籽去蒂，在內側撒上少許的太白粉，再平均塞入③的絞肉。

⑤拿一張錫箔紙平鋪在蒸籠上，並打一些小孔，然後把④排在上面，用大火蒸十五分鐘。

重　點：

＊防風常用於生魚片的配菜。是野生於海灘地上繖形科的宿根草，把宿根草的根莖曬乾後，即成防風，為中藥藥材，具有預防感冒與止咳化痰的藥效。

三、保護喉嚨的方法

這一章介紹一位講師多年來保護喉嚨的方法。

十幾年來，一直在補習班擔任講師的工作，每天大約要不停的講五～六小時左右，在容納一、二百人的會場，他通常不使用麥克風，但講話的聲音，連坐在最後排的學生都聽得見。或許，他天生聲音就很大，但是，最重要的原因，是他平常即採用前文所介紹的食譜來保護喉嚨。

在演講中與演講結束後，講師絕不喝開水或冷飲，香煙也暫時不抽，因為若喝水或結束後立即喝冷飲，馬上就會影響到喉嚨，抽煙也會使聲音沙啞。

為什麼會這樣？

因為長時間使用喉嚨，會使喉嚨不停的運動而發熱。此時，本應以唾液來滋潤喉嚨，但喉嚨因使用而乾燥無唾液，則喉嚨更為燥熱。若於此時喝下冷飲，就好像在加熱的熨斗上淋水，當然喉嚨會受不了。

那麼，如何止渴呢？在演講結束後，不喝冷飲而喝熱茶，並舔自己準備的冰糖。

在演講中，也絕不喝講桌上的茶水，就算在盛夏時，全身流汗，非常口渴也一樣。

如果能夠小心的保養自己的喉嚨，並隨時食用對聲帶有益的菜餚，就能保護喉嚨，維護聲帶。

最後，介紹平劇演員們，常用的有關預防喉嚨沙啞，保持甜美音色的秘密食譜。

●無花果排骨湯

材　料：【四人份】　無花果8個　排骨肉500公克　陳皮1片　枸杞20公克。

調味料：鹽1～2小匙　醬油4大匙　沙拉油2大匙　胡椒少許。

作　法：

①把無花果洗乾淨，切成約一口般大小，和用熱開水燙過的排骨肉、枸杞、陳皮一起放進較大的鍋中，注入十二杯水→用大火煮二十分鐘至沸騰，再調成中火，續煮一小時。

②待無花果煮爛，肉也煮軟，即用鹽調味，盛在碗中飲用，排骨肉取出，切成適當大小，沾混合調味料食用。

佐料——用適量的醬油、沙拉油、胡椒攪勻。

重　點：

＊這道食譜，不但能治療面皰，還能滋潤喉嚨，使聲音更加悅耳，也可舒緩壓力。

＊平劇名伶們都認為，將曬乾的無花果二～三個，與米飯一起燜煮食用，能長保音色圓潤。

＊如果心情鬱悶，或有歇斯底里症狀的人，一週食用添加無花果的食譜二～三次，很快即能治癒。

●消除眼睛疲勞使雙目明亮生輝

擁有明亮有神的眼睛，是成為美女的基本條件。但是，現代的女性，或許因為工作太忙，或是睡眠不足，導致眼睛乾澀，眼眶出現黑暈的人非常多。

希望這些女性都能採用下面介紹的食譜，使妳消除眼睛的疲勞，成為雙目明亮有神的美女。

‧木耳炒豬肝

材　料：【四人份】　木耳（泡過水）200公克　豬肝250公克　豌豆莢100公克　蔥50公克。

香　料：生薑（切末）3公克　蒜頭（切末）3公克。

調味料：醬油1大匙　酒2小匙　太白粉1小匙（以上做為醃料使用）　沙拉油7大匙　醬油1大匙　砂糖1.5小匙　鹽$\frac{1}{3}$小匙　太白粉2小匙　香蔴油、胡椒、味精各少許　水$\frac{2}{3}$杯。

作　法：

①把豬肝切成約三毫米的厚度，放入容器，浸在醃料中。

②把木耳泡水浸軟後，洗乾淨，放在竹箕上瀝乾水分。豌豆莢去筋，蔥斜切成蔥花。

③在不同的容器中，分別把香料與調味料攪拌均勻。

④把鍋子加熱，倒入四大匙的沙拉油，快炒豬肝，並撈出備用。

⑤接著，用三大匙的沙拉油，用大火快炒木耳、豌豆莢與香料↓加入

調味料，待煮沸↓即加入豬肝與葱花，很快的攪拌，並撒上少量的胡椒，即可趁熱食用。

重 點：

＊豬肝與木耳所具有的營養成分，可以增強精氣，消除眼睛的倦怠，使肌膚光滑細白。

＊豬肝切好後，放置於水龍頭下沖洗，去除血漬，煮起來更為美味。

●枸杞葉豬肝湯

材 料：【四人份】 枸杞葉200公克 豬肝200公克 生薑5公克。

調味料：醬油1大匙 太白粉2小匙 酒1小匙（以上材料做為醃料使用） 沙拉油1大匙 鹽1.5小匙 胡椒、香蔴油各少許。

作 法：

①枸杞葉用鹽水洗乾淨後，撈出放在竹箕上，瀝乾其水分。生薑切成薄片。

②豬肝切成約一口大小的薄片，浸在醃料中。

③把適量的沙拉油與鹽放入鍋中加熱，輕輕的倒入六杯水↓沸騰後，即加入枸杞葉與生薑片，再次沸騰，加入②的豬肝↓豬肝煮熟後，撒上胡椒與香蔴油，即可食用。

重　點：

＊枸杞葉所含的藥效，可以消除雙眼的疲倦，回復視力，使雙目明亮有神。

＊豬肝含有豐富的維他命，不但對眼睛有益，也能增強精氣。

＊就算已經洗盡豬肝中所含的血漬，湯中也會略帶黑色，這是因為葉中含有鐵份的緣故。

●枸杞葉蛋花湯

材　料：【四人份】　枸杞葉200公克　蛋2個　生薑300公克。

調味料：沙拉油1大匙　鹽1.5小匙　醬油1小匙　香蔴油1/3小匙　胡椒少許。

作法：

①枸杞葉用鹽水洗乾淨，撈出放在竹箕上，瀝乾水分。生薑切絲。

②把適量的沙拉油與鹽放入鍋中加熱，倒入六杯水↓沸騰後，放入枸杞葉與生薑絲。待再沸騰後，把蛋打入容器，攪勻後加入↓蛋煮熟後，加入適量的醬油、香蔴油、胡椒，攪勻後熄火，即可盛盤食用。

重點：

＊枸杞樹是野生於林間的落葉小灌木，高三尺多，長橢圓形葉子，花淡紫色，結紅色的子。實、葉、根都具有藥效，於初夏至秋天萌芽二次，摘取嫩芽食用。

第五章
治療隱疾的食譜

一、治癒嚴重的脫髮症

有些人往往為說不出口的隱疾而困擾，不論問題大小，總會影響到情緒。當然，把問題說出來，勇敢的面對，或是獨自飲泣，關係一個人的人生態度。

這是三十年前的事，一位朋友的頭髮、眉毛、鬍鬚所有的體毛突然脫落，每日到各大小醫院的皮膚科，毛髮研究所訪醫檢查，所有治療的方法都試過了，但是，卻毫無成效。

當時，有一位香港來的朋友，看見他的慘狀，批評他當時採用的治療方法：

「這只能治標，卻不能治本。」

「治本之道，即應用飲食療法，吃白木耳、何首烏、大棗等食品。」

這十幾年來，他把自己當做試驗品，確實以飲食來改善體質，每週持續食用由上述這些食物所烹調的菜餚一～二次，經過十幾年的努力，終於治癒了禿頭的困擾。

現在，雖然年紀漸長，但白頭髮卻數得出來，不但如此，也從來不會有肩酸或疲倦感，每日快食、快便，就連上樓梯也不耐一階一階的爬，而想一次爬二、三階。

經由這次的經驗，相信治療其他病症也相同，要從治本開始，因此，致力於飲食療法的研究。女性有關美容方面的困擾，大多起因於所謂的婦女病。

下面就介紹能消除女性不易啟口的病症，回復女性魅力的食譜。

●治療少年白的黑豆雞肉湯

材　料：【四人份】　黑豆1杯　雞腿肉（帶骨）3副　何首烏30公克　大棗5公克　生薑5公克。

調味料：鹽1～2小匙　醬油2大匙　沙拉油1大匙　胡椒少許。

作　法：

①把黑豆用平底鍋炒至豆皮裂開，且產生香味。

②把雞腿肉連骨一副切成約四等分。生薑切成薄片。大棗、何首烏用水洗乾淨。

③深鍋中放入四杯水與①、②的全部材料↓用大火煮沸後，續煮十五分鐘，調成中火，再煮一個小時。

④待黑豆煮軟，膨脹成兩倍，即熄火，用鹽調味，即可食用。

⑤材料中的雞肉，用適量的醬油、沙拉油、胡椒混合攪勻後，沾雞肉吃。

重點：

＊何首烏煮好後，即丟棄。同樣的何首烏不可用二次。

＊如果沒有何首烏與大棗，用黑豆煮雞湯，也有同樣效果。

＊這道食譜，可以治療神經衰弱，促進母乳的分泌。

●治療少年白的何首烏牛肉湯

材料：【四～五人份】 牛腱肉250公克　何首烏30公克　大棗8個　龍眼肉30公克　黑豆100公克　生薑10公克。

調味料：鹽1.5小匙　胡椒、味精各少許　醬油2大匙　沙拉油1大匙。

作　法：

①黑豆用平底鍋炒至豆皮裂開，產生香氣。

②牛肉切成約三公分的丁狀。何首烏、大棗洗乾淨，生薑切成薄片。

③把①與②的全部材料，與龍眼肉放入深鍋，注入十杯水↓用大火煮十五分鐘至沸騰，再調成中火續煮一小時。

④湯用適量的鹽、胡椒、味精調味，即可盛入碗中食用。至於材料中的牛肉，用適量的醬油、沙拉油、胡椒混合攪勻，沾牛肉食用。

重　點：

＊這是道能預防白髮、貧血、腺病質、不孕症的湯類。

＊龍眼肉對於有貧血傾向、臉色不好、手腳發冷、體質虛弱的人，以及脫髮者，有極佳的效果。

●能預防脫髮的龍眼茶

材　料：【一人份】　龍眼肉20公克　水一杯。

作　法：

把龍眼肉放入茶壺，加入一杯水，用小火煮三十分鐘。

重　點：

＊龍眼茶每週喝二次，連續喝四週，即能防止脫髮。

＊龍眼肉又叫桂圓肉。

＊龍眼肉直接食用也有同樣的效果，但一日不可吃四粒以上。

●能消除口臭的花菜煮海扇

材　料：【四人份】　花菜500公克　海扇（罐裝）200公克　胡葱3根。

調味料：沙拉油3大匙　生薑汁、酒各少許　鹽1小匙　砂糖1/2小匙　胡椒、味精各少許　太白粉1大匙　香蔴油少許。

作　法：

①把花菜切成適當的大小燙熟。胡葱切成一公分的長度。海扇由罐中拿出準備好，並切除薄皮鬆開。

②鍋中倒入沙拉油加熱，快炒海扇↓倒入生薑汁與酒，及一・五杯的開水↓用砂糖、胡椒、味精調味。

③加入花菜，用中火煮一分鐘↓倒入以雙倍的水溶解好的太白粉勾芡↓撒上胡葱，滴上香蔴油與胡椒，攪勻後，即可盛入盤中。

重　點：

＊這道食譜對消除口臭與降血壓有不可思議的效果。

＊用干貝代替海扇亦可。把干貝放入口中咀嚼，可防止口臭。

●促進母乳分泌並回復產後體力的茶

材　料：【一人份】　龍眼肉20公克　當歸20公克　何首烏20公克　大棗5公克　水3杯。

作　法：

把全部材料放進茶壺，用小火煮三十分鐘左右。

重　點：

＊這道煮汁只是一天份，分數次飲用。連續喝二週，就能促進母乳分泌，使臉色好轉，消除因生產而憔悴的面容。

●利用枸杞洗臉——濕疹和痱子即自然消失

枸杞不但可以食用，以枸杞葉的煮汁洗臉，也會有令人吃驚的效果。只要使用二～三天，就會出現神奇的效果，希望大家都能試試看。

煮汁的作法：

把枸杞葉與樹枝，用雙倍的水放入鍋中，用小火煮二十分鐘即可。

利用此煮汁洗患有濕疹與痱子的部份。不需多久，即有不可思議的效果出現。

●薏仁飯——能使疣自然脫落

薏仁可以防止肥胖，具有減肥的效果，其效用正如前面所說，且能使疣自然脫落。許多人認為，只要疣不是惡性，就不致對身體有害，但站在美觀的觀點來看，疣的確是不太美觀。

如果把薏仁熬成煮汁，長期飲用，疣就會自然的消失，若長期食用薏仁，就會更加美麗。下面告訴各位一件真實的事。

這是某講師在烹飪補習班中發生的事。那時，補習班供應午餐，材料由補習班提供，由助教們輪流下廚，當時，因麥片中含有大量的維他命，故米飯中均摻有麥片。有一天，講師在補習班吃飯，發覺味道有異。

「今天的飯怎麼比較粗糙？不太好吃？」講師這樣說時，有位助教告訴他：

「飯中摻有薏仁，我聽說薏仁含有極佳的養分，所以就煮薏仁飯。」

就這樣，慢慢的吃慣了薏仁飯，也覺得非常可口。

因為在這家補習班，講師一個月只有六天的課，所以，一個月只吃六天的薏仁飯，但助教們卻因天天吃薏仁飯，效果非常的顯著。

才四個月的時間，每位都蛻變為皮膚細白光滑，洋溢著迷人魅力的青春少女。

當然，你也可以試試薏仁飯，作法非常的簡單—把米的六分之一換為薏仁，泡在水中浸一個晚上，浸至較軟的程度，即可與淘洗乾淨的米，一起用電鍋煮食。

●空心菜——紓解急躁使情緒平靜

女性的急躁不安，會減損其美麗。輕柔的目光與溫柔的微笑，才能吸引男性的心。女性急躁不安的個性，會破壞一切優點，必須要放寬心胸，追求自然，不可太過強求，則一切必能隨遇而安，而空心菜則能紓解妳急躁的心情。

材　料：【四人份】　空心菜400公克　蒜頭3公克　生薑3公克　豆腐乳1個。

調味料：沙拉油5大匙　鹽1/3小匙　醬油、酒、砂糖各少許。

作　法：

①把空心菜洗乾淨，切掉根部較老的部份，約切除五公分左右，剩下的部份則切成五~六公分的長度。蒜頭、生薑切末。

②把鍋子加熱之後，倒入沙拉油，用大火炒①的材料↓再加入適量的鹽、醬油、酒、砂糖及搗碎的豆腐乳，輕輕的攪勻即可盛盤食用。

重　點：

＊炒好的空心菜，會產生較多的水分，並會呈現出黑色，此乃因空心菜中含豐富的鐵分之故。

＊空心菜對低血壓、脈搏不整的人有療效。

＊利用空心菜與陳皮、生薑作成的湯，是治療急躁的妙藥。

●「蜂巢豆腐」——能治牙痛

人們常說，牙痛不算病，疼起來要人命。牙痛可以由不少疾病引起，如齲齒、牙齦病變等。中醫認為牙痛也分寒熱虛實，一般由胃火、風熱引起的比較多，可以多吃些性質寒涼的飲食；若陰虛生熱的，可以多吃點滋陰清熱的食物，例如瓜果、蓮藕等；如果是氣虛引起的牙痛，可以喝山藥粥、薏米粥等。

許多人都有這種經驗，牙齒痛的不得了，別人向你打招呼，卻笑不出來，這是非常失禮的事，別擔心，這裡將教你治牙痛的妙方。

材　料：【一人份】　豆腐1塊

作　法：

①把豆腐切成方塊，用二杯水以小火煮一小時左右。

②煮至豆腐變硬，表面形成像蜂巢般的空洞，即可盛盤，用湯匙吃，也可淋上少量的醬油。

重　點：

＊這道食譜不但能治牙痛，也能平緩易怒的脾氣。

●素炒三葉草——能治牙齦浮腫

材　料：【四人份】　三葉草（嫩芽）300公克　生薑2公克　蒜頭2公克。

調味料：沙拉油5大匙　酒2小匙　醬油1小匙　鹽1/3小匙　砂糖1小匙。

作法：

①把三葉草去莖，留下嫩葉的部份，用鹽水洗乾淨，撈在竹箕上，瀝乾水分。生薑、蒜頭切末。

②把鍋子加熱，倒入沙拉油，依序放入三葉草、生薑、蒜頭↓用適量的酒、鹽、醬油、砂糖調味，攪拌數次後，即可盛盤食用。

重點：

＊這道菜要用較多的油，且以大火速炒。

＊上海名菜「生扁草頭」，即是以三葉草為主菜。三葉草是到處都能看到的蔬菜，只要吃過一次，就無法忘懷。

＊三葉草的嫩芽，盛產於六、七月間。出外郊遊時，若發現三葉草，可順便摘回食用。

＊三葉草對牙齦出血、牙床浮腫，與流鼻血的人有療效。

＊三葉草如果用鹽水燙熟，也很美味可口。

二、不但好喝又具藥效的中國茶

提到茶，以烏龍茶、鐵觀音及普洱茶、綠茶最有名，其他地區的茶，品質亦佳。

在香港，如果你去飲早茶（飲茶與吃點心），就會看到許多人正吃著皮蛋粥或牡蠣粥，因為這種粥能治療因熬夜引起的全身疲倦。

熬夜的人吃過粥後，就會喝上一杯菊花茶，因為菊花茶有去毒消熱的作用。喝了菊花茶，可以去除積存於體內的廢棄物。

至於皮蛋，因含有重碳酸鈉之故，能促進腸內的消化。牡蠣所含的鈣質，能吸收維他命B_1，中和血液中的酒精成分，蛋白質能消除疲勞。同時，菊花茶所含的解毒作用，能促進體內產生活動，解除因熬夜所引起的疲勞、口臭與雙眼乾澀。

●菊花茶——能治眼睛疲倦

材　料：【一人份】　曬乾的白菊花20公克　蜂蜜1～2小匙

作　法：

①菊花放入陶瓷製的壺中，倒入熱開水，煮沸後，續煮三分鐘左右。

②把菊花茶倒入茶杯中，加適量的蜂蜜即可飲用。

重　點：

＊因為加了蜂蜜，故菊花茶會變成略帶黑色，這是因含有鐵分與礦物質的緣故。

＊菊花茶除了能消除雙眼疲勞外，還能治口臭與喉嚨痛。

●菊花茶加金銀花——能使體態勻稱

材　料：【一次份】　曬乾的菊花20公克　金銀花20公克　蜂蜜1～2小匙。

作　法：

①把菊花與金銀花放入陶瓷製的壺中，注入熱開水↓煮三～五分鐘，再倒入茶杯中。

②加入適量的蜂蜜，即可飲用。

重　點：

＊這即是稱為「金銀花乳精茶」的名茶。

＊金銀花又叫忍冬，因生成金色與銀色二色花瓣，故又稱金銀花。

＊菊花與金銀花，加上綿茵陳（又叫三花茶），能潤喉、治宿醉，並可消除因煙酒引起的口臭，對肝臟也有幫助。

＊菊花以杭州所產品質最優，故又稱為杭菊。

＊綿茵陳對利尿、消炎、止咳、黃疸、肝臟方面的病症有療效，為中藥藥材。

＊以上三種藥材，在中藥店都可以買到。

•山楂花——使易怒的脾氣變溫和

材　料：山楂肉10公克　杜仲12公克　明天麻5公克　牛膝4公克　鉤藤鉤5公克　潞黨參10公克。

作　法：將全部的材料放入壺中，倒入三杯水，用中火煮三十分鐘，煮至水變成一杯的份量，即可趁熱飲用。

重　點：

＊脾氣急躁、易怒的人，可以嚐試常飲山楂茶。

＊能使血壓降低安定的妙藥，也有強心的效果。

＊這些藥材，均可在中藥店買到。

＊如果只飲用材料中的杜仲茶，也有降血壓、鎮痛、強壯、消除疲勞的效果。

附表一　主要中藥藥材與藥效

中藥藥材	藥　　效
何首烏	強精、強壯、補血。
當　歸	通經、鎮靜、補血、強壯。
大　棗	利尿、安定神經、補血。
陳　皮	健胃、鎮嗽、止痰、冷虛症。
紅　花	解熱、消炎、利尿。
金針菜	消化、壞血症。
芡　實	防止老化、強精。
薏苡仁	浮腫、安定神經、利尿。
工茯苓	消化、排膿、皮膚病。
茯　苓	消化、鎮靜、利尿。
蓮　子	滋養、消炎、安定神經。
柏子仁	鎮痛、鎮靜、風濕症。
松　子	消除疲勞、滋養、強精。
龍眼肉	補血、安定腦神經。

中藥藥材	藥　　效
杏　仁	鎮咳、止痰、利尿、消化。
熟地黃	解熱、補血、強壯。
乾地黃	鎮痛、鎮靜。
豆　豉	寢汗、虛弱體質、浮腫。
白　芷	感冒、消炎、鎮痛。
黃　耆	利尿、強壯、寢汗。
高麗參	強精、強壯、健胃。
貝　母	鎮咳、止氮、聲音悅耳、治聲啞。
枸　杞	新陳代謝、滋養、強壯。
茴　香	腳氣病、健胃。
天門冬	鎮咳、強心、氣喘。
冬　菜	消化。
防　風	呼吸器官疾病、止痰、感冒。
川　芎	頭痛、憂鬱症、強壯。
杜　仲	腰痛、滋養、強精。
枇杷葉	鎮咳、止痰、糖尿病。

附表二　具有獨特保健作用的食物

食　　　物	作　　用	效　用
山藥、蓮子、蜂蜜、芥菜、荸薺、蒲菜。	增強、改善聽力。	聰耳
豬肝、羊肝、胡蘿蔔、野鴨肉、青魚、鮑魚、螺螄、山藥、川椒。	增強、改善視力。	明目
核桃仁、白芝麻、韭菜子	促進頭髮生長。	生髮
魚	使枯燥頭髮變得潤澤光亮。	潤髮
黑芝麻、核桃仁、大麥。	使早白早黃的頭髮顏色變黑。	黑髮
鱉肉	使男性鬍鬚生長旺盛。	生鬍鬚
花椒、蒲菜、萵筍。	使牙齒堅牢、潔白。	健齒
菱角、大棗、桂圓肉、荷葉、燕麥、青粱米、冬瓜	減輕體重，使肥胖者恢復正常體態。	減肥
小麥、粳米、酸棗、葡萄、藕、牛肉、山藥、黑芝麻。	使身體消瘦者體重增加	增肥

食　　　　物	作　　用	效　用
櫻桃、荔枝、黑芝麻、山藥、枸杞子、松子、牛奶、荷蕊。	潤肌膚、助顏色、改善臉部皮膚失健的情況，使臉容變得健美。	美容
核桃、百合、山藥、粳米、蕎麥、菠蘿、荔枝、桂圓、大棗、烏賊魚。	營養大腦、增強思維能力。	健腦益智
蓮子、酸棗、百合、梅子、荔枝、桂圓、山藥、鵪鶉、黃花魚、牡蠣肉。	使精神安靜、有利於睡眠。	安神
茶、蕎麥、核桃。	減輕疲倦、增強精神。	提神
蕎麥、大麥、栗子、酸棗、桑椹、黃鱔、食鹽。	強健體質（筋骨、肌肉等）、增強體力。	強壯增力
蕎麥、松子、香菇、菱角、葡萄。	使人耐受飢餓，延長進食間隔時間。	耐飢餓
葱、薑、蒜、韭菜、胡蘿蔔、白蘿蔔、辣椒、胡椒、芫荽。	能增進食慾、加強消化力。	增食慾
核桃仁、栗子、狗肉、狗鞭、羊肉、鹿肉、鹿鞭、雀肉、海蝦、海參、鰻魚、蠶蛹、韭菜、花椒、櫻桃、菠蘿。	調整、加強性機能，使陽萎、早泄等性機能失調恢復正常。	壯陽
檸檬、葡萄、黑母雞、雞蛋、鯉魚、鱸魚、海參、鹿骨、雀肉、雀腦。	安胎、保胎，增強孕胎能力。	養胎

展出版社有限公司 品冠文化出版社	圖書目錄

地址：台北市北投區(石牌)
致遠一路二段 12 巷 1 號
郵撥：01669551＜大展＞
19346241＜品冠＞
電話：(02) 28236031
28236033
28233123
傳真：(02) 28272069

・少 年 偵 探・品冠編號 66

1. 怪盜二十面相	（精）	江戶川亂步著	特價	189 元
2. 少年偵探團	（精）	江戶川亂步著	特價	189 元
3. 妖怪博士	（精）	江戶川亂步著	特價	189 元
4. 大金塊	（精）	江戶川亂步著	特價	230 元
5. 青銅魔人	（精）	江戶川亂步著	特價	230 元
6. 地底魔術王	（精）	江戶川亂步著	特價	230 元
7. 透明怪人	（精）	江戶川亂步著	特價	230 元
8. 怪人四十面相	（精）	江戶川亂步著	特價	230 元
9. 宇宙怪人	（精）	江戶川亂步著	特價	230 元
10. 恐怖的鐵塔王國	（精）	江戶川亂步著	特價	230 元
11. 灰色巨人	（精）	江戶川亂步著	特價	230 元
12. 海底魔術師	（精）	江戶川亂步著	特價	230 元
13. 黃金豹	（精）	江戶川亂步著	特價	230 元
14. 魔法博士	（精）	江戶川亂步著	特價	230 元
15. 馬戲怪人	（精）	江戶川亂步著	特價	230 元
16. 魔人銅鑼	（精）	江戶川亂步著	特價	230 元
17. 魔法人偶	（精）	江戶川亂步著	特價	230 元
18. 奇面城的秘密	（精）	江戶川亂步著	特價	230 元
19. 夜光人	（精）	江戶川亂步著	特價	230 元
20. 塔上的魔術師	（精）	江戶川亂步著	特價	230 元
21. 鐵人Q	（精）	江戶川亂步著	特價	230 元
22. 假面恐怖王	（精）	江戶川亂步著	特價	230 元
23. 電人M	（精）	江戶川亂步著	特價	230 元
24. 二十面相的詛咒	（精）	江戶川亂步著	特價	230 元
25. 飛天二十面相	（精）	江戶川亂步著	特價	230 元
26. 黃金怪獸	（精）	江戶川亂步著	特價	230 元

・生 活 廣 場・品冠編號 61

1. 366 天誕生星	李芳黛譯	280 元
2. 366 天誕生花與誕生石	李芳黛譯	280 元
3. 科學命相	淺野八郎著	220 元
4. 已知的他界科學	陳蒼杰譯	220 元

5. 開拓未來的他界科學 陳蒼杰譯 220元
6. 世紀末變態心理犯罪檔案 沈永嘉譯 240元
7. 366天開運年鑑 林廷宇編著 230元
8. 色彩學與你 野村順一著 230元
9. 科學手相 淺野八郎著 230元
10. 你也能成為戀愛高手 柯富陽編著 220元
11. 血型與十二星座 許淑瑛編著 230元
12. 動物測驗—人性現形 淺野八郎著 200元
13. 愛情、幸福完全自測 淺野八郎著 200元
14. 輕鬆攻佔女性 趙奕世編著 230元
15. 解讀命運密碼 郭宗德著 200元
16. 由客家了解亞洲 高木桂藏著 220元

・女醫師系列・品冠編號 62

1. 子宮內膜症 國府田清子著 200元
2. 子宮肌瘤 黑島淳子著 200元
3. 上班女性的壓力症候群 池下育子著 200元
4. 漏尿、尿失禁 中田真木著 200元
5. 高齡生產 大鷹美子著 200元
6. 子宮癌 上坊敏子著 200元
7. 避孕 早乙女智子著 200元
8. 不孕症 中村春根著 200元
9. 生理痛與生理不順 堀口雅子著 200元
10. 更年期 野末悅子著 200元

・傳統民俗療法・品冠編號 63

1. 神奇刀療法 潘文雄著 200元
2. 神奇拍打療法 安在峰著 200元
3. 神奇拔罐療法 安在峰著 200元
4. 神奇艾灸療法 安在峰著 200元
5. 神奇貼敷療法 安在峰著 200元
6. 神奇薰洗療法 安在峰著 200元
7. 神奇耳穴療法 安在峰著 200元
8. 神奇指針療法 安在峰著 200元
9. 神奇藥酒療法 安在峰著 200元
10. 神奇藥茶療法 安在峰著 200元
11. 神奇推拿療法 張貴荷著 200元
12. 神奇止痛療法 漆 浩 著 200元

・常見病藥膳調養叢書・品冠編號 631

1. 脂肪肝四季飲食 蕭守貴著 200元

2. 高血壓四季飲食	秦玖剛著	200 元
3. 慢性腎炎四季飲食	魏從強著	200 元
4. 高脂血症四季飲食	薛輝著	200 元
5. 慢性胃炎四季飲食	馬秉祥著	200 元
6. 糖尿病四季飲食	王耀獻著	200 元
7. 癌症四季飲食	李忠著	200 元
8. 痛風四季飲食	魯焰主編	200 元
9. 肝炎四季飲食	王虹等著	200 元
10. 肥胖症四季飲食	李偉等著	200 元
11. 膽囊炎、膽石症四季飲食	謝春娥著	200 元

・彩色圖解保健・品冠編號 64

1. 瘦身	主婦之友社	300 元
2. 腰痛	主婦之友社	300 元
3. 肩膀痠痛	主婦之友社	300 元
4. 腰、膝、腳的疼痛	主婦之友社	300 元
5. 壓力、精神疲勞	主婦之友社	300 元
6. 眼睛疲勞、視力減退	主婦之友社	300 元

・心 想 事 成・品冠編號 65

1. 魔法愛情點心	結城莫拉著	120 元
2. 可愛手工飾品	結城莫拉著	120 元
3. 可愛打扮 & 髮型	結城莫拉著	120 元
4. 撲克牌算命	結城莫拉著	120 元

・熱 門 新 知・品冠編號 67

1. 圖解基因與 DNA	（精）	中原英臣主編	230 元
2. 圖解人體的神奇	（精）	米山公啟主編	230 元
3. 圖解腦與心的構造	（精）	永田和哉主編	230 元
4. 圖解科學的神奇	（精）	鳥海光弘主編	230 元
5. 圖解數學的神奇	（精）	柳 谷 晃著	250 元
6. 圖解基因操作	（精）	海老原充主編	230 元
7. 圖解後基因組	（精）	才園哲人著	230 元

・武 術 特 輯・大展編號 10

1. 陳式太極拳入門	馮志強編著	180 元
2. 武式太極拳	郝少如編著	200 元
3. 中國跆拳道實戰 100 例	岳維傳著	220 元
4. 教門長拳	蕭京凌編著	150 元
5. 跆拳道	蕭京凌編譯	180 元

6. 正傳合氣道	程曉鈴譯	200 元
8. 格鬥空手道	鄭旭旭編著	200 元
9. 實用跆拳道	陳國榮編著	200 元
10. 武術初學指南	李文英、解守德編著	250 元
11. 泰國拳	陳國榮著	180 元
12. 中國式摔跤	黃　斌編著	180 元
13. 太極劍入門	李德印編著	180 元
14. 太極拳運動	運動司編	250 元
15. 太極拳譜	清・王宗岳等著	280 元
16. 散手初學	冷　峰編著	200 元
17. 南拳	朱瑞琪編著	180 元
18. 吳式太極劍	王培生著	200 元
19. 太極拳健身與技擊	王培生著	250 元
20. 秘傳武當八卦掌	狄兆龍著	250 元
21. 太極拳論譚	沈　壽著	250 元
22. 陳式太極拳技擊法	馬　虹著	250 元
23. 二十四式/三十二式 太極拳/劍	闞桂香著	180 元
24. 楊式秘傳 129 式太極長拳	張楚全著	280 元
25. 楊式太極拳架詳解	林炳堯著	280 元
26. 華佗五禽劍	劉時榮著	180 元
27. 太極拳基礎講座：基本功與簡化 24 式	李德印著	250 元
28. 武式太極拳精華	薛乃印著	200 元
29. 陳式太極拳拳理闡微	馬　虹著	350 元
30. 陳式太極拳體用全書	馬　虹著	400 元
31. 張三豐太極拳	陳占奎著	200 元
32. 中國太極推手	張　山主編	300 元
33. 48 式太極拳入門	門惠豐編著	220 元
34. 太極拳奇人奇功	嚴翰秀編著	250 元
35. 心意門秘籍	李新民編著	220 元
36. 三才門乾坤戊己功	王培生編著	220 元
37. 武式太極劍精華＋VCD	薛乃印編著	350 元
38. 楊式太極拳	傅鐘文演述	200 元
39. 陳式太極拳、劍 36 式	闞桂香編著	250 元
40. 正宗武式太極拳	薛乃印著	220 元
41. 杜元化＜太極拳正宗＞考析	王海洲等著	300 元
42. ＜珍貴版＞陳式太極拳	沈家楨著	280 元
43. 24 式太極拳＋VCD	中國國家體育總局著	350 元
44. 太極推手絕技	安在峰編著	250 元
45. 孫祿堂武學錄	孫祿堂著	300 元
46. ＜珍貴本＞陳式太極拳精選	馮志強著	280 元
47. 武當趙堡太極拳小架	鄭悟清傳授	250 元
48. 太極拳習練知識問答	邱丕相主編	220 元
49. 八法拳　八法槍	武世俊著	220 元
50. 地趟拳＋VCD	張憲政著	350 元

國家圖書館出版品預行編目資料

吃得更漂亮、健康／朱雅安編著
－初版－臺北市，大展，民 94
面；21 公分－（健康加油站；15）
ISBN 957-468-380-X（平裝）
1.食譜　2.美容　3.減肥
427.1　　94004224

吃得更漂亮、健康

ISBN 957-468-380-X

編 著 者／朱　雅　安
發 行 人／蔡　森　明
出 版 者／大展出版社有限公司
社　　址／台北市北投區（石牌）致遠一路 2 段 12 巷 1 號
電　　話／(02) 28236031・28236033・28233123
傳　　真／(02) 28272069
郵政劃撥／01669551
網　　址／www.dah-jaan.com.tw
E-mail／service@dah-jaan.com.tw
登 記 證／局版臺業字第 2171 號
承 印 者／高星印刷品行
裝　　訂／建鑫印刷裝訂有限公司
排 版 者／千兵企業有限公司
初版 1 刷／2005 年（民 94 年） 5 月

定　價／180 元